实用心理指南

积

幸福的一二三事

Positive Psychology

A Toolkit for Happiness, Purpose and Well-Being

[英]布里奇特·格伦维尔–克利夫 著　　孙思凡 译

上海教育出版社

关于作者

布里奇特·格伦维尔–克利夫（Bridget Grenville-Cleave）拥有英国东伦敦大学（University of East London）应用积极心理学荣誉硕士学位，专门从事关于专业人员、领导者和管理者福祉方面的研究。她是国际积极心理学协会（International Positive Psychology Association）和应用积极心理学研究中心（Centre for Applied Positive Psychology）的创始成员之一。

凭借其商业、组织变革与发展背景，布里奇特创立了Workmad公司，专注于通过培训、咨询和教练技术将积极心理学应用于工作。她与多个公共组织和民间组织都有合作，提供积极领导力与教练技术项目以及积极心理学大师课程。这些课程在自我发展和职业发展方面实现了实证研究与实用工具之间的平衡。目前她正为哈博戴斯阿斯克学校（the Haberdashers' Aske's School）研发一门关于幸福的课程，并为东伦敦大学积极心理学硕士课程项目研发“积极心理学基础”课程。

布里奇特是安格利亚鲁斯金大学（Anglia Ruskin University）专攻积极干预的新国际应用积极心理学硕士和东伦敦大学应用积极心理学硕士课程项目的客座讲师，也经常在积极心理学会议上发言。她是一位经过认证的优势测评（Strengthscope™）评估员，师从戴维·库珀里德（David Cooperrider）教授学习欣赏型探究（appreciative inquiry），师从迈克尔·弗里施（Michael Frisch）教授学习生活质量疗法（quality of life therapy）。她还是"'重振旗鼓！'（Bounce Back！）儿童福祉与心理韧性计划"的认证培训师，并与英国各地的学校合作。

布里奇特著有几部实用性心理学书籍，包括与布莱顿大学（University of Brighton）名誉教授汤姆·博纳（Tom Bourner）和艾什·罗斯皮利奥西（Asher Rospigliosi）博士合著《幸福工作坊的101项活动》（*101 Activities for Happiness Workshops*，2014），与伊洛娜·博尼韦尔（Ilona Boniwell）博士合著《通往幸福的100种方法：滋养你的心智、身体与灵魂的专家建议》（*100 Ways to Happiness：Expert Advice to Feed Your Mind, Body and Soul*）（Modern Books，2015），与乔纳森·帕斯莫尔（Jonathan Passmore）博士合著《脸书管理者：基

于互联网的社交网络心理学与实践》(*The Facebook Manager: The Psychology and Practice of Web-based Social Networking*)(Management Books，2000，2009)。自 2007 年《积极心理学日报》(*Positive Psychology News Daily*)建站以来，她每月为这个专业网站撰写一期专栏，将应用积极心理学与最新研究结合起来。

致　谢

我想感谢很多在我写这本书时给予我帮助、鼓励和支持的人，特别是：

伊洛娜（Ilona）——帮我找到了我的优势。

莫莉（Molly）和查理（Charlie）——改变了很多人的人生。

尼尔（Neil）和雨果（Hugo）——步入正轨！

卡伦（Karen）——持续的灵感源泉。

纳塔莎（Natasha）——没有人比她更亲切善良。

阿德里安（Adrian）、亚历克斯（Alex）、安迪（Andy）、阿尼什（Anish）、卡罗琳（Caroline）、卡丽（Carrie）、康妮（Connie）、艾丽斯（Elise）、珍妮（Jenny）、劳拉（Laura）、洛乌（Lou）、拉尼（Rani）、罗斯（Ros）、奈马（Naima）、萨莉（Sally）、斯蒂芬（Stefan）和托尼（Tony）——给予支持、想法和案例。

邓肯·西斯（Duncan Heath）和像标图书（Icon Books）团队——中肯的想法、建议和反馈。

作者声明

值得注意的是，积极心理学中有很多被频繁引用的研究。

如果我知道它们的出处，必定会注明。倘若有所遗漏，谨在此向原作者致歉。

目　录

引 言 1

幸福不是通过有意识地追寻幸福获得的，它通常是其他活动的副产品。

——奥尔德斯·赫胥黎（Aldous Huxley）

什么是积极心理学？为什么要关注积极心理学？

积极心理学是关于人类最优机能（optimal human functioning）和生活意义的科学研究。换句话说，它是关于什么样的特质、条件和过程能带来持续的心理繁荣（flourishing，也译作“幸福”）的心理学。研究什么对个体、群体和组织有好处，与理解什么会有坏处同等重要。尽管几十年前，积极心理学在兴起之初将自己区别于其他心理学分支，但毫无疑问，它与19世纪晚期威廉·詹姆斯（William James）的工作、20世纪中期的人本主义心理学，以及亚里士多德（Aristotle）和柏拉图（Plato）等古代哲学家的工作是有渊源的。作为一门科学，积极心理学的特点在于聚焦发现

心理繁荣的实证证据。但我们感兴趣的不是积极心理学的科学性本身，而是其实际应用：我们如何能用实证研究来提升
2 我们自己的幸福?

公平而言，一些隶属于积极心理学的研究主题并不新颖，有些甚至在这个学科兴起之前就已存在。例如，“乐观主义”“动机”和“情绪智力”这类主题在积极心理学发端之前就已被研究了很多年。不过，人类最优机能领域也有很多主题缺乏研究，我们对此了解甚少，如“感恩”“希望”和“好奇心”。在过去的四十多年里，主流心理学的研究聚焦于生命中消极的部分，如焦虑、抑郁、低自尊和创伤后应激障碍，而积极心理学通过关注能够带来心理繁荣的个体特质和环境因素，修正了这种不平衡。尽管一些研究证据看似是常识，但也有不少全新的、令人惊讶的甚至反直觉的发现。

积极心理学源自哪里?

积极心理学发端于美国宾夕法尼亚大学（University of Pennsylvania），那里设有一个积极心理学中心（宾夕法尼亚大学积极心理学中心，详见本书后附“资源”部分）。创始人是心理学教授马丁・塞利格曼（Martin Seligman），他以在

习得性无助（learned helplessness）和习得性乐观（learned 3
optimism）上的开创性研究成果而闻名；另一位是米哈伊·契克森特米哈伊（Mihaly Csikszentmihalyi），他的著作《心流：最优体验心理学》(*Flow: The Psychology of Optimal Experience*）广为人知（有关心流的更多信息，请参阅第5部分）。积极心理学运动兴起于1988年，当时塞利格曼将其作为美国心理学会主席就职演说的主题。自此以后，这个主题涌现出成千上万新的论文和书籍，一些新期刊创刊，如《积极心理学杂志》(*Journal of Positive Psychology*)、《幸福心理学》(*Psychology of Well-being*)、《幸福研究杂志》(*Journal of Happiness Studies*）和《国际幸福杂志》(*International Journal of Well-being*)；国际专业协会——国际积极心理学协会（International Positive Psychology Association）成立。

到目前为止，在积极心理学作为心理学的一个正式分支出现的几十年后，我们对快乐、幸福和心理繁荣的兴趣仍未表现出减弱迹象。事实上，无论是大学研究项目、学术会议、学术学位课程，还是面向普通大众的书籍、博客和工作坊，这一领域的发展都表明，积极心理学的发展势头会持续下去。甚至在过去几年中，历届英国政府都对发展以幸福为导向的

公共福利政策的想法感兴趣。例如，自 2010 年起，英国国家
统计局开始实施“国民幸福感测量”项目，旨在对国民幸福
4 感进行公众认可和信任的评估。英国还创立了首个幸福经济
学全党派议会小组，挑战以 GDP 为政府衡量国家繁荣的主要
指标，推广衡量社会进步的新标准。

在欧洲，值得关注的积极心理学家包括伊洛娜·博尼韦尔（Ilona Boniwell），她是安格利亚鲁斯金大学新开设的国际应用积极心理学硕士课程主任，也是东伦敦大学积极心理学硕士课程项目的前课程带头人。此外，还有应用积极心理学中心的创始人兼主任亚历克斯·林利（Alex Linley）教授。除了已发表和出版许多关于这一主题的文章与书籍，两人都将学术界的成功事业与咨询工作结合起来，将积极心理学应用于现实生活。

关于本书

本书有如下几个目标。

第一，为你提供积极心理学领域最重要的理论和研究成果的概述，无论其主题是由来已久的还是新近出现的。

第二，为你提供一些实际的帮助。有证据表明，我们感

受到的幸福约有 40% 由有目的的活动（intentional activities）带来，也就是那些我们每天做的事情。因此，本书列出了许多类型的活动和练习，教你如何将科学发现应用于自己的生活，无论是在工作单位还是在家里。这些建议会让你深入了解做什么或者不做什么能提高自己的幸福感。

第三，本书希望能做到易读易懂。前两部分概述积极心理学的起源，简单介绍什么是幸福，并总结幸福的主要障碍。接下来的五部分涵盖幸福理论的主要议题，第 8 至第 21 部分重点讨论幸福的核心元素。你不必按顺序阅读每一部分，事实上，每一部分都有一个主要话题，每个话题都是独立的。这意味着，如果你只有 10 分钟，拿起这本书，你仍可以沉浸其中，发现一些有用的、具有启发性的、发人深省的内容。

第四，我希望这本书能够激励你。你在阅读每一部分时，会被鼓励去尝试一些新事物。不要因一些活动简单而不去做，这些活动的简易性反而会让你更有可能成功。有一些活动可能不适合你，这无可厚非。我们都有个人喜好，但请试着以开放的心态看待每一项建议，不要先入为主。

6 你自己的科学实验

2007 年，我在东伦敦大学攻读应用积极心理学硕士时，有一项课程作业是根据积极心理学练习的经验，写一份关于我们自身幸福的个人档案。当你阅读这本书时，我会鼓励你做同样的事。

步骤 1 拿出一个笔记本或者在电脑、手机上打开一个新文档，作为你的幸福日记，记录你尝试的活动，以及你是如何做的。

步骤 2 考虑从现有众多关于快乐、幸福或生活满意度的量表中选出一种，测量你当前的幸福水平。你可以在积极心理学中心的网站上找到量表，包括 4 题版《一般幸福感量表》(General Happiness Scale)，5 题版《生活满意度量表》(Satisfaction with Life Scale) 和 24 题版《真实幸福感清单》(Authentic Happiness Inventory)。你很快就能看到你的量表得分，也能看到你与其他人结果的对比。

即使你不想接受正式的幸福感评估，坚持用感恩日记来记录你的观察和体验也是有益的，因为你将从自己的个人思
7 考中学到很多东西。

步骤 3　沉浸于书中并尝试其中建议的活动。记录你的进步、这些活动对你的幸福感的影响和你的收获。针对每项活动提出一些可以让你思考的问题，以便从每项活动中获得最大收益。

步骤 4　读完本书后，再使用步骤 2 中所用的量表测量你的幸福感。注意观察这些活动和练习为你的幸福感带来的积极变化。

你可以掌控自己的幸福感

尽管我们常说追寻幸福，就好像有什么东西“在那里”一样——只要我们努力寻找，就可以获得。然而，科学研究表明，幸福与其说是关于“有什么”，不如说是关于“做什么”。正如英国心理学家奥利弗·詹姆斯（Oliver James）在他的《富贵病》（*Affluenza*）一书中指出，使自己的价值感和幸福感依附于短暂的事物是错误的，如你的外表、工作、财富或名望，因为它们无法永续。幸福不是你可以获得的被动实体。更确切地说，持久的幸福感可以通过改变你的时间分
配和你的人生观获得。你可以通过尝试本书中的活动来做到 8
这一点。但不得不说的是，这对你来说需要时间、努力和付

出。心理学研究表明，有动力和决心来提高你的幸福感，并付出持续的努力，对于实现让自己更快乐的目标至关重要。

同样值得记住的是，持久的幸福感更像是普通的满足而不是纯粹的极乐！不要指望能维持在巅峰状态（cloud 9），[①] 因为你很可能会失望：现实生活中有很多低谷，也有很多巅峰。更可持续的策略是，增加你对幸福含义的理解，并且发现和享受日常生活中能够提升长期幸福的行为和活动。

那么，在充分了解这些指引后，请继续阅读吧！

---

① "cloud 9"（9 号云系）是美国的一个气象服务术语。在气象服务中，不同的云系有各自的数字代号，如 1 号云系、2 号云系。9 号云系是"积雨云"的特定代号。由于积雨云的位置最高，因此，9 号云系又代指"处在世界顶峰"，形容一种情绪高涨的状态。——译者注

1. 什么是幸福？

对积极心理学的常见批评是，它总围绕“大 H”这个主题，即幸福（happiness）。我的意思是，幸福是一个无聊的主题。难道不是吗？它显然不是一个值得开展严肃科学研究的主题。然而，一旦你开始深入挖掘，你就会发现幸福并不那么简单。事实上，幸福是一个相当复杂的概念。在本部分，我们将探讨幸福（英文有时使用“well-being”）的一些组成元素，看看它如何被测量，以及为何如此重要。

理解幸福最简单的办法或许是将它分为两个基本组成部分：享乐主义幸福（hedonic well-being）和自我实现幸福（eudaimonic well-being）。

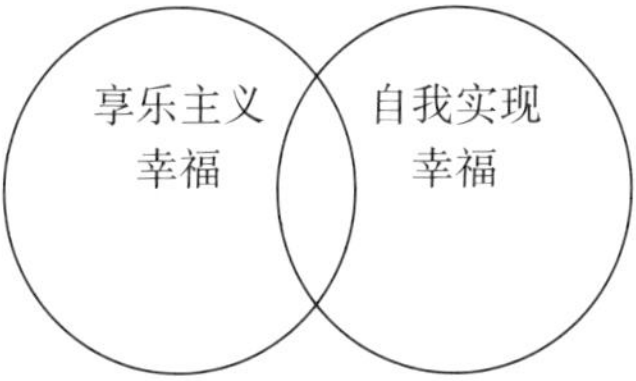

幸福的这两个基本组成部分之间的差异可追溯至古希腊

哲学家亚里斯提卜（Aristippus）和亚里士多德，前者倡导享乐主义幸福，后者主张自我实现幸福。

10 对亚里斯提卜而言，生活的目标在于将愉悦最大化，将烦恼或痛苦最小化。在积极心理学中，享乐主义幸福经常被用来表示你当下感受到的愉悦，纯粹而简单——它就是“酒、女人和歌”那种幸福，就是被问及“什么是幸福”时，你头脑中立刻浮现的那种快乐。然而，这种幸福通常很短暂，我们必须不断增加这种幸福的储备来维持它的效果（详见第2部分）。仅从感官愉悦的角度来界定幸福，其问题之一正在于，人类的某些欲望纵使能带来短暂的愉悦，从长远来看却并无益处。

那么，自我实现幸福是什么呢？幸福若有严肃的一面，恐怕就是自我实现幸福了！正如我们前面提到的，有些人认为愉悦本身不足以描述人类幸福的全部。亚里士多德便认为，仅仅追求愉悦是庸俗的。他认为真正的幸福在于做有价值的事，而不在于享受美好时光，因此他主张自我实现幸福。“自我实现幸福”是一个被积极心理学家广泛使用的术语，指我们从生活中获取意义和目标、实现潜能并感觉到我们是更伟大之物的一部分所获得的那种幸福。

然而，自我实现幸福也并非完美无缺。有些心理学家不 11
喜欢它的道德色彩。他们认为，规定“什么对人有益”不是心理学的工作。而且矛盾的是，自我实现幸福可能不会带来任何愉快的感觉！事实上，从长远来看，自我实现幸福可能需要个体长期面对困难并付出努力。然而，也有人认为，相比于单纯的快乐，自我实现幸福会带来更高的生活满意度。

在实践中，积极心理学家对自我实现幸福的定义（包括“自我实现”“个人表现”“意义”“个人成长”“投入”“心流”等术语）并不一致。他们对如何测量这一概念同样各持己见，并且常常将“自我实现幸福”这个术语用作非享乐主义幸福的统称。然而，即使我们还不确定如何定义自我实现幸福，大多数人都会承认，真正的幸福不只是周五去酒吧开怀畅饮，周日打高尔夫球！心理学的研究证实了这一点：一项对 1.3 万多人的研究表明，同追求愉悦相比，追求专注或意义与幸福有更强的相关性。

对于“幸福是一种主观现象还是客观现象”，积极心理学
家之间同样存在分歧。一些享乐主义幸福的定义暗示，人们 12
的生活可以用客观的标准评估。与此同时，也有一些积极心理学家坚持认为快乐是一种主观现象。他们认为，只能通过

“让人们给自己的幸福程度打分”这一方式来测量幸福。这便引出积极心理学中另一个常用的有关幸福的概念——主观幸福感（subjective well-being）。它可以用以下公式表示：

生活满意度 + 积极情绪体验 – 消极情绪体验

简而言之，这意味着主观幸福感由三个因素组成：一个认知（评价）因素和两个情感因素。

生活满意度：我对自己的生活的看法（它是否符合我的期望，并趋近于我理想的生活）

加

积极情绪体验：我感到有多积极

减

消极情绪体验：我感到有多消极

使用主观幸福感作为衡量标准意味着，为提高整体幸福
13 感，我们应关注如何减少消极情绪体验，并提升生活满意度和积极情绪体验。

试一试

测量你的主观幸福感

首先，测量你的生活满意度。可以使用埃德·迪纳（Ed Diener）及其同事设计的《生活满意度量表》(Satisfaction with Life Scale)。

然后，测量你的主观情绪感受。要做到这一点，你可以使用我们在第11部分提到的《积极和消极情绪量表》(Positive and Negative Affect Scale)或《积极和消极体验量表》(Scale of Positive and Negative Experience)。这些评估工具的详细情况可参阅“资源”部分。

你的测量结果如何？你对测量结果感到惊讶吗？倘若测量结果不如你预期的高，你会如何提高你的生活满意度和积极情绪体验，或减少你的消极情绪体验呢？在你的幸福日记上做些笔记吧。

一个积极心理学的幸福模型

积极心理学的创始人之一马丁·塞利格曼在其著作《持续的幸福》(*Flourish*)中阐述了他关于幸福的新理论。塞利格

曼提出的 PERMA 模型由五个独立的元素组成，同时涵盖了享
14 乐主义幸福和自我实现幸福。

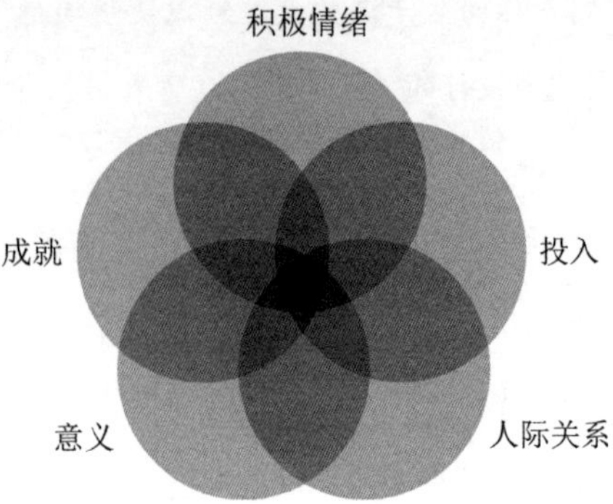

积极情绪（positive emotion），即积极的情绪体验和令人振奋的感受。此前已提到，你可以使用多种量表来测量积极的和消极的情绪状态。我们将在第 3 部分探讨积极情绪，如积极情绪在幸福感中发挥的作用和积极情绪的益处，在第 11 部分探讨情绪智力的概念。

投入（engagement），通常被称为“心流”。它指个体全身心投入工作时获得的幸福，其专注程度之高以至于个体感觉不到时间的流逝，完全沉浸于正在做的事。当运动员谈论“进入状态”（being in the zone）时，正是指他们的心流体验。心流的测量通常借助：（1）要求人们回想他们的一天并记录

自己的心流体验；（2）要求人们随身携带一个随机给予提示的电子寻呼机，在电子寻呼机提示时思考并记录那一刻自己 15
正在做什么。有关心流的更多信息，可参见第 4 部分。

塞利格曼的模型也包含**人际关系**（relationship）。有研究表明，在任何年龄阶段，良好、亲密和支持性的人际关系对个体的健康都至关重要。有关积极人际关系的更多信息，可参见第 5 部分。

意义（meaning） 之所以重要，是因为它为生活提供了稳定的基础和方向感。相比于追求快乐，追求有意义的活动与幸福的相关性更强。尽管有多种测量意义的方式，意义仍是一个研究相对不足的领域。《意义来源和生活意义问卷》（Sources of Meaning and Meaning in Life Questionnaire）测量了 26 种不同的意义来源，包括自我超越（如灵性）、自我实现（如挑战和知识）、秩序（如传统和价值观）、幸福和关心他人（如团体和爱）。有关意义的更多内容，请参见第 6 部分。

成就（accomplishment） 是塞利格曼的模型中最后加入的心理因素。这是另一个广阔的范畴，包括从成就、成功和最高水平的精通，到达成目标和取得胜任力的过程。要了 16
解更多信息、活动，以及有关成就及其与幸福的关系的信息，可参见第 7 部分。

现在，让我们来探讨一下幸福的五个方面如何在你的生活中呈现。

试一试

幸福之轮

1. 想想你的日常生活中，有哪些活动能带给你快乐？哪些活动能让你投入（进入心流状态）？哪些活动以建立支持性关系为中心（如与家人、朋友、同事、客户或其他人在一起）？哪些活动是有意义的？哪些活动能带给你成就感，让你感到自己作出了贡献？

2. 一旦你在脑海中形成这样的画面，就用 1—10 来评价生活中的积极情绪、投入、人际关系、意义和成就，“1”代表“没有或很少”，“10”代表“很多”。把你的分数写在幸福之轮的背面。

这些练习无所谓对错。它的目的是鼓励你思考日常生活中经历的五种幸福元素各有多少。

3. 对你来说很重要的幸福元素足够多吗？你有没有失衡感，如只关注简单的快乐，但没有足够的心流？也许你觉得缺乏更有意义的活动？或者，你的生活中充斥着对你的整体幸福贡献甚微的活动。如果你的得分未达到预期，你可以做些什么来提高得分呢？如果你对自己的分数感到满意，你又能做些什么来维持当前良好的平衡？不妨在你的幸福日记中记录你的想法。

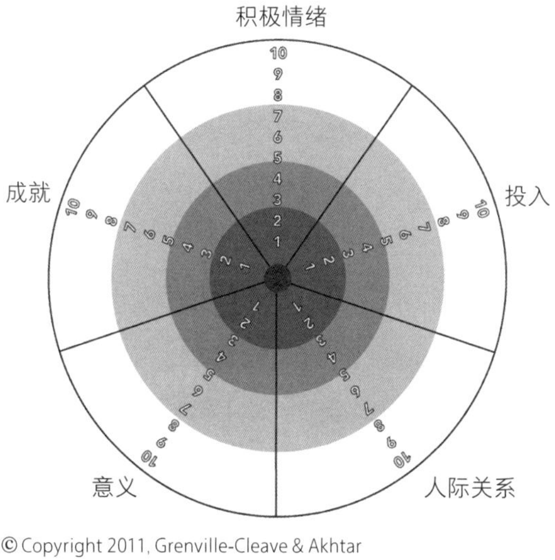

幸福之轮 （PERMA）

我在培训中实施该练习时，常常有人表示感到自己的生活缺乏足够的自我实现幸福。他们能体验到积极情绪，有心流体验，也拥有良好的人际关系，但诉说完所有这些时，他们仍觉得缺了点东西。如果你也有一样的感受，你是可以做些什么来改善这种状况的。你可跳至第 6 部分，了解更多关于意义和目标的信息与活动。

18 **重要知识点**

• 幸福通常分为两大部分，享乐主义幸福（感官愉悦）和自我实现幸福（做有价值、有意义和有目的的事）。

• 尽管在积极心理学中，自我实现幸福并没有得到充分的定义，但毫无疑问，许多人都认为持久的幸福不只是简单的愉悦。

• 一些心理学家用主观幸福感来强调他们的观点，即幸福是一种个人体验，因此幸福心理学研究的幸福不应有明确的限定。

• 塞利格曼的幸福理论包含五个元素：积极情绪、投入、人际关系、意义和成就。

• 这五个元素分别在多大程度上影响你的幸福，取决于你个人的情况。

2. 幸福的阻碍 19

前一部分探究了多条经过实践检验的幸福通路，如塞利格曼的幸福模型的五个元素：积极情绪、投入、人际关系、意义和成就。这些通往幸福之路的细节和可供尝试的相关活动，可以在相应各部分找到。

但幸福就这么容易获得吗？如果获得幸福是轻而易举的，我们会始终非常乐观。实际上，有几种心理障碍阻碍了我们获得持久的幸福和满足。一旦了解它们，我们就能尝试克服它们。在这一部分，我们将探讨幸福的五个主要障碍。

障碍 1：消极偏见

消极偏见（negativity bias）指的是我们倾向于更多地关
注和重视消极的而不是积极的情绪、体验和信息。在现实生
活中，这意味着你更可能记住（并认真对待）侮辱、批评、
消极信息或反馈，而不是赞扬、积极信息或反馈。从进化的 20
角度来看，这非常有意义，因为倘若人类未能很好地注意到

周围真实存在的危险和可能的风险，人类这个物种不可能存活下来。但现在，我们生活中的威胁少得多（无论媒体如何渲染），这种内在的消极偏见会阻碍我们获得幸福。

研究也表明，重要程度相同的正面和负面信息在我们心中的权重并不相等。如果我们给出正负两条有关同一个陌生人的同等重要的信息，它们并不会互相抵消，相反，我们更可能产生负面的而非中立的态度。同样，如果我们有一段美好的经历和一段糟糕的经历，那么即使两次经历同等重要，我们的感觉也会比中性的经历更糟。有证据表明，积极情绪和消极情绪是不对等的。换句话说，消极情绪对我们幸福程度的损害超过积极情绪对我们幸福程度的增益。这有助于解释更频繁地体验积极情绪的重要性。有关积极情绪的更多信息，请参阅第 3 部分。

心理学家罗伊·鲍迈斯特（Roy Baumeister）及其同事用五个字总结了消极偏见的影响：“坏比好更强。”

21 **试一试**

在接下来的 48 小时里，你要有意识地发现和关注生活中的美好事物。在你练习时，你的意识会开始从消极转向积极。

这是第 12 部分三件好事练习的原则之一。

障碍 2：持续时间忽视

一段经历的持续时间会影响我们对它的感觉和记忆。这很符合逻辑，不是吗？在阳光明媚的热带岛屿度假两周，感觉要比在同一地点度假一周好两倍。同样，假设我们在两种情况下的不适感相同，“经历 20 分钟的牙科手术”这类负面经历，应该会比“经历 10 分钟的牙科手术”糟糕两倍。

因此，可能会让你感到惊讶的是，我们评估自己的积极体验和消极体验时，它们的持续时间几乎不重要，心理学家称此为“持续时间忽视”(duration neglect)。比它更重要的因素是：（1）积极情绪或消极情绪顶峰的强烈程度；（2）体验如何结束。如果我们经历一个持续 20 分钟的痛苦疗程，只要我们最后经历的痛苦轻于整个过程期间最痛苦的体验，我们 22
对它的记忆就会比痛苦体验相等但持续时间只有一半的情况更积极。

试一试

这实际上意味着，我们若想提高自身及他人的幸福感，就应有意识地寻找方法，使一段经历结束在最好的时刻。这其实非常简单，例如：

• 如果你有一系列毫无吸引力的事要做，就先做最令人不愉快的事，把最令人愉快的事留到最后。

• 在工作中，如果你的团队未能按时完成一项任务，因而很沮丧，那就强调大家已完成的内容，如“至少我们已经完成了工作中最困难的部分”。

• 如果有一些你必须去做的事，如在工作中做一次演讲，确保演讲在高潮时结束，并经常练习，直至可以自然地做到这一点。

• 在一周工作的结尾，祝同事们周末愉快。

• 挑战自己，用积极的方式重塑本周每一次的糟糕经历。

在接下来的一周，你可以有意识地努力将一件事结束在最好的时刻，并关注由此带来的变化。不妨在你的幸福日记里记录一些想法。

23 障碍3：社会比较

我们用“攀比”这个词来形容我们通过与朋友和邻居进行比较来确定自己的生活如何。如果我们购买某件商品是为了赶上别人，那就意味着我们不是出于需要购买这件商品，而是为了维持我们的社会地位。因此，即使我们的生活水平以绝对标准来看是可以接受的，但只要低于同辈群体，我们的幸福感就会降低。

想一想

你更想生活在下面哪个世界中？

世界 A：你年入 5 万美元，其他人年入 2.5 万美元。

世界 B：你年入 10 万美元，其他人年入 25 万美元。

在研究中，大多数参与者都选择了世界 A。换句话说，在其他条件相同的情况下，他们宁愿选择在绝对水平上赚更少的钱，只要他们相对其他人更富有。

诸如此类的研究说明了社会比较（social comparison）对我们的幸福是多么重要。

试一试

在接下来的一周，你可以有意识地同那些比你差的人相比较，并感恩你的好运。

如果看到身边的人（通常是家人、朋友和同事）买的东西比我们多或比我们好，我们就会觉得自己的生活更糟。因此，与他人比较收入和购买力会影响我们的幸福感。一些人可能会负债累累以获得最新潮的商品。如果其他人拥有它，我们也会觉得自己必须拥有它。在互联网、电视和杂志上随处可见的名流生活方式，以及随之而来的广告和品牌代言，使这种情况变得更糟。出现这一问题的原因在于，我们很多人都没有意识到，在无休止的“必须拥有更多”的循环中，为与邻居攀比而购买更多的东西，永远不会让我们感到更快乐。为什么会这样？这就是积极心理学家所称的“**享乐跑步机**”。

障碍 4：享乐跑步机

坏消息

回想上一次大采购，升职加薪，公司配备一辆全新的汽车。还记得它让你多么兴奋和快乐吗？现在想想你的兴奋和快乐持续了多久。几天？一个星期？持续的时间很可能不长。我们适应环境，适应事物，无论是我们买的东西，还是生活中其他积极的事件和经历，一旦它们出现，我们便开始视曾经的快乐为理所当然，并会迅速恢复到幸福感的基线水平[亦称“设定点”(set-point)]。这就是“新鲜感逐渐消失”的情况。

享乐跑步机(hedonic treadmill)意味着，在现实生活中，期望通过购物和物质产品永久提升幸福感是没有意义的。它们可能会在短期内为你带来积极情绪的提升，但坏消息是，这种积极情绪不会持续，你的感受很快就会与从前一样。更糟糕的是，你可能会为了让自己感觉好点而再去买别的东西。循环就这样开始了。

可悲的是，这种适应原则也适用于其他愉快的体验或环境，如婚姻。在研究中，大多数人婚后的生活满意度不会有持久的提升。相反，他们经历了短暂的幸福感增加，随后在最初的几年内回归基线水平。

潜在的好消息?

这种心理适应的过程也适用于消极的情况。也就是说，不好的事情发生后，我们会在较短或中等的时间内感到更糟，但最终会回到自身幸福感的基线水平或设定点。然而，研究表明，我们适应积极事件和体验的速度要比适应消极事件和体验的速度快得多。

因此，我们从享乐跑步机中可以得到两点启示。第一，你应该明白，从购物等积极体验中获得的幸福感提升很快就会消失。第二，从长远来看，寻求其他更具可持续性的提升幸福感的方法是值得的。如果你已经结婚或者打算结婚，请记住，这并不能保证可以获得永久幸福——你必须不断努力经营你们的关系（获取更多关于发展积极关系的信息和建议，可参阅第 5 部分）。

障碍 5：缺乏自我控制

幸福的第五个障碍是缺乏自我控制。自我控制（self-control）经常被称为“自我调节”（self-regulation），指个体控制自身冲动的能力，它引导我们通过努力来实现特定目标。如果你认为你的自我控制很差，那么你不是个案——一项针对 8.3 万名成年人的 24 项性格优势研究发现，“自我调节”是得分最低的一项。但是，自我控制非常重要。马克·马拉文（Mark Muraven）和鲍迈斯特认为，缺乏自律是现代发达国家社会问题与个人问题的核心。

人们通常认为，幸福来自原始欲望的满足。但与此相反，27
心理学研究显示，自我控制越强，幸福感越高。因此，想办法提高你的自我控制是很有意义的。幸运的是，自我控制有点像肌肉：你练习得越多，它就越强壮。因此，强化生活中某个领域的自我控制也可以帮助你加强在其他领域的自我控制。

试一试

找一项需要自我控制但你有动力去做的活动，并且经常练习。例如：

- 在你的笔记本或手机上记录日常开支。
- 每当你想起来的时候，端正你的体态。
- 记录你的饮食。
- 每天练习 10 分钟钢琴音阶。

重要知识点

- 我们天然地更关注消极的情绪、体验和信息，而不是积极的情绪、体验和信息。
- 重要性大致相同的消极经历与积极经历不会相互抵

消——一般而言，消极经历会对你产生更大的影响。

28 • 莎士比亚的话是对的：“结局好，一切都好！”试着使消极事件和经历结束在感受较好的时刻。

• 向上的社会比较可能会降低你的幸福感。向下的社会比较可能会提升你的幸福感。

• 新鲜感几乎总会消失！

• 自我控制就像肌肉，可以通过练习加强。

3. 积极情绪 29

芭芭拉·弗雷德里克森（Barbara Fredrickson）是积极心理学积极情绪领域的领军人物。她的学术生涯致力于研究积极情绪的本质和目的，并在实验室条件下检验她的理论。我们都遇到过消极情绪带来的“战斗或逃跑”（fight-or-flight）反应。这种自动反应机制的作用是将我们的思维和行为收窄至非常具体的自我保护式行动：在愤怒的情况下战斗；在恐惧的情况下逃跑。然而，对积极情绪的研究相对较少，人们对它的理解也不够充分。例如，成千上万的心理学学术论文致力于研究恐惧的经历，而关于积极情绪的研究仅有数百篇，如对同情心的研究。

弗雷德里克森的目标是找出积极情绪除了能让我们感觉
良好，是否还有其他用途。她的拓展与构建理论（broaden
and build theory）表明，与消极情绪让我们的想法和行为收
窄相反，积极情绪会催生更开放、更具创造性的想法和行为，30
而随着时间的推移，这会产生更多的个人资源。

想一想

弗雷德里克森的拓展与构建理论表明，积极情绪主要能使个体在四个方面创造额外的资源：

- **智力**，如培养解决问题的能力。
- **健康**，如锻炼我们的体能和维护心血管健康。
- **社交**，如提升我们的友谊和其他关系或联系的质量与数量。
- **心理**，如培养我们的韧性和乐观。

简言之，积极情绪创造了思维和行为的“向上螺旋”，为未来的挑战作好了准备。

其他心理学家认为，积极情绪也能让你寻找并努力实现新的目标。

弗雷德里克森的研究表明，积极情绪不但使人感觉良好，而且给了我们实在的好处。

试一试

三个对你有益的方法

• 当你感觉情绪有点低落，需要快速提升时，不妨从下列
31 活动中选一项做 5 分钟：（1）给一个可靠的能帮你看到积极一面的好朋友打电话；（2）外出散步，特别是在充满绿意的

地方；（3）听一段充满活力的音乐，或任何让你想用脚打节拍或一路高歌的东西。

• 在电脑上创建一个装有你最喜欢的照片的文件夹，并将其设置为屏保图片来源。每隔一段时间，当你放下工作休息时，一张令你快乐的图片会随机出现在屏幕上，让你会心微笑。你可以在电脑的控制面板上查看操作说明。你也可以在手机上试试这个方法。

• 通过奖励自己过特别的一天（无论是室内还是室外）来提升积极情绪。例如，在郊外散步、野餐；参观一个艺术画廊或当地地标，再去吃一顿可口的午餐；去海边，去健康水疗中心，去游泳；去打高尔夫球或花一天时间在自己的爱好上。避免整天穿着睡衣，拿着电视遥控器瘫在沙发上，即使这似乎是最令人放松的消磨时间的方式。花点时间去计划你要做的事，花点时间去享受这一天，然后再花点时间在事后慢慢回味这一天。你可以使用第20部分提到的一些小贴士，然后试着把它延伸到一周的活动中。想想每天花15—30分钟做点不同的、能增加自己的积极情绪的事，如享受奢华的泡泡浴，或随着最喜欢的歌曲在客厅里跳舞。

在你的幸福日记中记录你做的活动，以及你在参与这些活动时的感受。

助人者亦自助

无偿为他人做一些力所能及的小事来与人为善，毫无疑问是强化人际关系、与他人建立联系的重要活动之一，无论对方是陌生人、家人，还是朋友。积极心理学的研究为“做好事能提高幸福感”提供了实证证据，同时也证实了受助者的幸福感会得到提升。

每天随机做五次好事，例如：

- 为他人扶住打开的门或捡起地上的东西。
- 赞美他人。
- 为另一位司机让路。
- 允许其他人在超市的队伍中排在你前面。
- 在地铁上让出座位。

随机的善事也会促进“幸福传染”（happiness contagion），更多有关幸福在人与人之间扩散的信息请参阅第 5 部分。

积极情绪能消弭消极情绪

弗雷德里克森曾开展多次实验，在实验室条件下激发被试的积极情绪，以测量积极情绪对大脑和身体的影响。在她的一项研究中，被试被告知需要完成一项有压力的任务。在完成任务前，被试被成分四组，分别观看一个电影片段。这些片段能激发快乐、满足、悲伤或不激发任何情绪。通过测量被试的血压和心率回归正常水平的时间，研究发现，那些觉得快乐或满足的被试完成压力任务后的复原速度显著快于那些观看了悲伤或中性影片的被试。因此，积极心理学家常说积极情绪有“消弭效果”（un-doing effect），能帮助平衡压力和消极情绪。你可以把积极情绪看作一个“内在的重置按钮”。

积极情绪档案袋

弗雷德里克森建议创建一系列实物和纪念品档案袋（portfolios）来激发特定的积极情绪，如骄傲、喜悦和快乐。收集一些让你感到满足、感激或鼓舞的物品，如照片、礼物、音乐和信件。你可以把你的档案袋放在个人电脑或智能手机、网页、剪贴簿中，也可以加入你的幸福日记。当你需要鼓舞的时候，看看你的档案袋，享受它们唤起的积极记忆。然后，你可以继续寻找新的项目加入其中。

34 ## 积极情绪的益处

有大量研究描述了长期幸福和短期积极情绪的益处。例如，与幸福和积极情绪相关的因素包括：

- 更长的寿命。
- 更高的收入和工作评价。
- 良好的社交状况和更高质量的人际关系。
- 更好的心理和生理健康水平，以及管理疾病的能力。
- 他人对你的智力、能力和外在吸引力的喜爱与认可。
- 在困难的任务中有更强的韧性和更好的表现。
- 创造力。
- 更有效率的决策。

对我们来说，重要的问题是幸福和积极情绪是上述益处的因还是果。这方面尚未得到广泛研究，然而有越来越多的证据表明，在许多地区，可能是幸福和积极情绪带来了这些积极的结果，而不是这些结果催生了幸福和积极情绪。因此，心理学家得出结论，即幸福和积极情绪确实具有重要影响，
35 如自信、满足感、有成效的工作、令人满意的人际关系，以及更好的心理和生理健康水平与长寿。

幽默日记

心理学家威利鲍尔德·鲁赫（Willibald Ruch）的研究表明，长期看来，你可以通过写幽默日记来提升幸福感，减少抑郁。你可以在睡前写下当天发生的三件最有趣的事。不妨经常这样做，并关注你的幸福水平有了多少提升。这种方法之所以卓有成效，是因为它能让你关注有趣的事物（让这些有趣的事物变得更引人注目，更不容易被忽视），远离消极的事物。你也可以通过沉浸于自己的幽默日记，回忆那些有趣的瞬间，迅速提升自己的幸福水平。

积极情绪好，消极情绪坏？

当然，我们也不能掉入这样的陷阱：积极情绪永远是好的，消极情绪永远是坏的。事实并非如此。例如，对不公正的事情感到愤怒可以促使你采取行动。而且积极心理学研究也开始强调理解情境的重要性。

早期，积极心理学家对弗雷德里克森和马西亚尔·洛萨 36
达（Marcial Losada）发现的所谓“3 : 1 积极比率”感到非常兴奋。“3 : 1 积极比率”指积极情绪与消极情绪的比率，高于这个比率，我们就会斗志昂扬，低于这个比率，我们就会萎靡不振。然而，东伦敦大学的研究人员证明，“积极比率”依据的理论存在缺陷，这让许多积极心理学家大失所望。目前我们只能说，积极情绪通常更短暂，消极情绪则更“持久”，经历更多的积极情绪会更好（但我们无法用数字来表示），而且积极行动的频率比其强度更重要。

现在让我们思考一下如何提升我们经历的积极情绪的数量。心理学家迈克尔·弗里施（Michael Frisch）建议我们将过去所有感兴趣并享受其中的活动列成一张清单。他列出了200 多个简单的活动，例如：

- 阅读、观看搞笑或有趣的东西。
- 打牌或玩棋类游戏。
- 观看日出或日落。
- 参与室外活动。
- 观察他人。
- 调情。
- 写一首诗。
- 37 与孩子们一起玩耍。
- 独自唱歌或跳舞。

• 晚睡、早起、打个盹。

• 穿上舒适的衣服或盛装打扮。

尽可能在你的幸福日记里写下你所玩的，从中获得快乐的，令你放松的，有创造性的，让你忘记烦恼的，使你学习到新东西的，或者能为你的社区作出贡献的活动。有些活动是独自进行的，有些活动是与伙伴们一起参与的，有些活动是同团队一起开展的。想想室内和室外有哪些活动，再看看你还能列出多少。你也可以鼓励朋友或伴侣这么做，并在头脑风暴中分享你的想法来催生更多的创意。

现在，每天花 5 分钟沉浸在那些你最喜欢的活动里。在你的幸福日记里记录那些带给你最多增益的最积极的体验！

重要知识点

• 频繁经历积极情绪会产生额外的个人资源，并鼓励我们朝着新的目标努力。

• 积极情绪的频率比积极情绪的强度更重要。

• 感觉良好会带来很多益处，有证据表明，幸福和积极 38
情绪也会带来积极的效果。

• 对他人表达善意会让你感觉良好。

- 积极情绪的拓展与构建理论中的“拓展”方面证明，体验积极情绪会带来更广泛和更具创造性的思维与行为模式。
- 积极情绪的拓展与构建理论中的“构建”方面证明，随着时间的推移，体验积极情绪会通过发展额外的个人资源（如心理韧性和解决问题的能力）来建立向上发展的螺旋。

4. 投入或心流 39

“心流”（flow）这个概念已融入积极心理学，尽管在此之前，它已存在很长一段时间。心流描述了一种**最优体验的状态**。最早开展研究并为之命名的是契克森特米哈伊。第二次世界大战后，契克森特米哈伊移居美国。在他的成长过程中，有两个重要问题始终困扰着他：“为什么有些人能从可怕的创伤中恢复过来，而另一些人做不到？”“人们需要做些什么才能过上更幸福的生活？”于是，他开始研究那些纯粹为追求快乐而做一些事情的人，如舞者、艺术家和棋手。他发现，这些人有着非常相似的“高技能高挑战”（high-skill high-challenge）经历，他称之为“心流”[也称“进入状态”或“投入”]。心流是通往幸福的重要途径，是塞利格曼的幸福模型和福祉理论的重要元素，被称为“投入”（见第1部分）。

倘若要体验心流，你参与的活动必须具有以下鲜明特点：

- 它对你来说是挑战，但你觉得自己能战胜它。 40
- 你的目标很明确，你的表现会得到即时反馈。

- 你完全被它吸引。
- 你感觉与它完全融为一体。
- 你有控制感，不担心失败。
- 你会忘记时间的流逝（感觉时间过得比你想象的要快得多或慢得多）。
- 忘我。
- 你具有内在激励，即你想去做这件事。

试一试

找一个安静的地方坐5分钟。在你的幸福日记中列出过去几天你的所有活动。这些活动可能包括工作、爱好、社交、志愿服务、家务，等等。参考上文列出的标准，其中哪些活动会为你带来心流体验？仔细想想，答案可能出乎你的意料！

不妨在下周留出时间来重复一些你最喜欢的心流活动，并记录你在活动之后的感受。

能带来心流体验的活动是个性化的，但很有可能包含以下内容：

• 音乐，如演奏乐器、听音乐、合唱、指挥。 41

• 创造性活动，如素描、油画、雕刻、烹饪、制衣。

• 运动，如团队运动、爬山、滑雪、跑步。

• 其他休闲活动，如跳舞、园艺、编织、游戏、下棋、拼乐高模型、阅读。

事实上，几乎所有日常活动（包括工作）都能带来心流体验，只要它对你而言是项挑战，并且你有差不多正好的技能水平应对它。

心流的益处

体验心流是有益的，不仅因为它能产生积极情绪，还因为它能促进个人成长。心流体验鼓励你坚持完成有挑战的任务，这必然会促进技能的发展。更重要的是，心流与学业抱负和成就、更好的身体健康水平和更高的自尊有关。

应当指出的是，此时此刻的心流体验并不是情绪。换句话说，在体验心流的过程中，你不会感受到任何积极情绪。 42
尽管人们通常认为心流会让人非常愉快，但这个判断是在事实发生之后作出的。只有在心流体验结束之后，你才会感到焕然一新。

一个常见的误解

与心流的前因后果不同，心流本身并无好坏之分。换言之，你可以通过做“坏事”，如赌博、扒窃或危险驾驶，进入心流状态。而且，所有能让你进入心流状态的活动都有可能导致上瘾。

如今，大多数电脑游戏经专门设计，诱使玩家进入心流状态——它们具有持续的挑战性，能以点数或奖励的形式提供即时反馈，告诉你游戏的进展；一旦你达到一定水平，就可以进入下一关，提高游戏的挑战性。

电脑游戏容易导致具上瘾属性的心流状态。这有助于解释为什么这么多的游戏玩家很难停下来，总想接着玩。

43 挑战与技能之间的重要平衡

正如上文提到的，挑战与技能之间的平衡对创造心流体验至关重要。

高挑战 + 中 / 高技能 = 心流

如果你面临的问题富有挑战性，而你目前的技能水平还不足以解决它，你便很容易陷入焦虑和压力。上班第一天，你很可能会有这种感觉：不知道该做什么，也不知道该怎么做。任何你开始尝试的新爱好，无论是尊巴舞、桥牌还是水彩画，如果挑战水平远远超出你目前的技能水平，你就会感到焦虑。

高挑战 + 低技能 = 焦虑 / 压力

那么，你该如何应对高挑战、低技能的情况呢？显然，你可以采取两种行动：将挑战水平降至更容易上手的程度，或者提高你的技能水平。你能把任务分解成更小的步骤以便更容易完成吗？你能找到新的方法来提高你的技能水平吗（如学习入门课程或阅读初学者指南）？又或许你还有隐藏的天赋可以施展？

试一试 44

所有人都有自己日常使用和依赖的技能与力量，但有时，我们忘了它们可以从一个生活领域迁移至另一个生活领域。

例如，你可能是一个非常有同情心、耐心和爱心的家长，但你从未考虑在工作场所发挥这些品质。在你的幸福日记中列出你的最佳品质、技能和长处。你可以使用这样的表格：

生活领域	我的最佳品质、技能和长处
亲密关系和友谊	
工作	
家庭	
学习	
爱好	
其他	

在面对新的高挑战情境时，不妨考虑如何运用这些品质。

45 最后，如果活动的挑战性不足，换句话说，你对它已经“烂熟于心”，你很可能会感到厌倦，提不起劲儿来。

低挑战 + 中 / 高技能 = 无感 / 无聊

如果遇到这种情况，请尝试探索使这些活动变得更具挑战性的方法，以提高活动所需的技能水平。让一些活动更具挑战性是相对容易的。例如，你可以尝试：

- 更快地完成 / 计时完成 / 在音乐结束之前完成 / 不间断地完成。
- 在蒙上眼睛的情况下完成。
- 按相反顺序完成。
- 有意识地避免所有干扰，如电子邮件、手机、零食。
- 用左手或右手完成 / 一只手放在背后完成，以此类推。
- 当作团队项目完成（若通常是单独完成，反之亦然）。
- 安静地完成（若通常是听着音乐完成，反之亦然）。

试一试 46

下次做家务杂事时，给自己设定一个目标，让它们成为能产生心流的活动。通常，这意味着要找到使任务更具挑战性的方法。

例如，今天的家务是洗车。估计一下你通常在这件事上花费的时间，然后为自己设定完成活动的挑战：在标准不变的情况下，少花 10 分钟。

任何家庭琐事都可以变得有挑战性。烹饪时，你可以试着估量一种配料的分量而不使用量具。用吸尘器打扫客厅时，播放一张你最喜欢的 CD，看看自己能否在一曲终了前完成。

看，你可以变得如此有创造力！

如何在你的生命中获得更多心流？

有大量你可以参考的标准能帮助你在生活的各个领域（不只是那些烦人的琐事）获得更多心流。

- 设定一个 SMART 目标。一个 SMART 目标应是：
  - ➢具体的（specific）：你的目标明确吗？你想实现的目标到底是什么？“每周游泳 2 次，每次在 1 小时内游 40 个来回”是一个比“健身”更具体的目标。
  - ➢可测量的（measurable）。要让你的目标可以被测量，以便知道它何时实现。
  - 47 ➢可以实现的（achievable）。确保目标在你的能力范围之内。
  - ➢现实的（realistic）。目标在本质上是可以实现的吗？每周去泳池 2 次，每次在 1 小时内游 40 个来回或许是可行的，但如果你的工作需要经常出差，考虑到实际情况，你或许得重新制定一下目标。
  - ➢有时限的（time-bound）。你是否设定了完成目标的日期，并留给自己足够的时间来实现它？

- 追求高技能 / 高挑战的平衡（见第 42 页）。
- 专注于手头的事情，尽量减少可能的干扰。
- 想办法获得对你的表现的即时反馈。
- 最后，同样重要的是，让任务变得有趣，让自己快乐！

重要知识点

- 心流也被称为“进入状态”或“投入”。
- 心流是塞利格曼幸福理论的五大元素之一。
- 为获得心流体验，有几个非常具体的标准需要考虑， 48
如有明确的目标和对表现的及时反馈。
- 你可以从很多日常活动中体验到心流，包括工作。
- 触发心流的关键在于，在挑战与技能之间找到真正的平衡。
- 在任何活动中，你都可以找到提高或降低挑战与技能水平的方法，使心流更容易产生。
- 通常情况下，直到活动结束你才会意识到自己一直处于心流状态。

49 # 5. 积极的关系

在当今日益物质化的世界，人们常常错误地认为，为了快乐，需要拥有更多物质。你可能在周一早上的办公室听见同事比较上周末的购物情况，又讨论下周末的购物计划。再加上我们对名流生活的痴迷，难怪我们认为，只有拥有新衣服、新汽车或新房子，我们才会幸福。

幸运的是，已经有研究能帮助我们理解幸福，以及为我们的幸福作出了最大贡献的事物，并解释物质永远无法让我们真正快乐的原因（见第 2 部分）。区分非常幸福的人（如幸福程度达到前 10% 的人）与其他人的一个特点不是他们的钱、成就或财产，而是他们有良好的社会生活，有朋友和恋人。

因此，我们与他人的关系确实有助于我们的身体健康和
50 心理幸福。阅读《英国医学杂志》(*British Medical Journal*) 发表的纵向研究，你可能会惊讶地发现，情绪和行为会传染。这有点像病毒，人们的幸福程度取决于与他们相关的人的幸

福程度。一个生活在一千米以内的朋友的快乐会使你感到快乐的可能性增加 25%。关注你能做些什么来改善生活中的人际关系，并给别人带来一点快乐，这是非常有意义的。

根据《美国时间使用调查》(*American Time Use Servey*)（2009），在工作日，普通美国公民花在社交上的时间约为 30 分钟，周六或周日则是 60—75 分钟。与他们看电视的时间相比（见第 21 部分），这根本不算什么！你在社交上平均花费多少时间呢？如果你还没有做第 53 页的练习，那么在做练习之前，你一定要先猜猜看。

人际关系是我们幸福的核心

温暖、信任和支持的关系对幸福至关重要，这并不令人感到意外。早在 20 世纪 40 年代，心理学家亚伯拉罕·马斯洛（Abraham Maslow）就把爱和归属感置于人类需要层次的中心。在 20 世纪 60 年代，英国心理学家约翰·鲍尔比 51
（John Bowlby）因其关于依恋理论的研究而广为人知，该理论描述了一个婴儿与他 / 她的主要看护人建立情感上的安全联系的重要性。在 20 世纪 80 年代，英国心理学家迈克尔·阿盖尔（Michael Argyle）的研究表明，人际关系是影响幸福感的最重要因素之一。最近，人类幸福的积极心理学模型也继续强调了人际关系对幸福的重要性。理查德·瑞安（Richard Ryan）和爱德华·德西（Edward Deci）关于人类动机和行为的自我决定理论认为，人类的亲缘关系（渴望与他人建立联系，给予他人爱和关心，以及得到他人的爱和关心）是心理健康的主要资源。现在，人际关系在塞利格曼的幸福理论中也占有重要地位（见第 1 部分）。

积极的交流

通常，人们在与他人谈论是什么成就或破坏了一段美好关系时，会提到以字母“C”开头的“沟通”（communication）。英国著名的夫妻咨询服务机构 Relate 的数据显示，沟通障碍是伴侣寻求帮助的主因之一。有趣的是，
52 我们中的很多人相信，在处理嫉妒、冲突、批评等消极事件时能保持建设性的沟通对于维持良好关系非常重要。但是，在事情进展顺利的时候，夫妻之间还会关注彼此交流的方式吗？

在过去的十多年里，积极心理学研究最重要的进展之一正聚焦于这一点。研究表明，在一段关系中，我们对好

消息作出热情回应的能力，比我们在困难时期的沟通方式更重要。

想一想

研究人员谢利·盖布尔（Shelley Gable）及其同事确定了亲密关系中回应好消息的四种主要模式。

消极的建设性模式（passive constructive mode）——这种模式以一种软弱无力、缺乏动力和不热情的方式回应伴侣的好消息。想象一下，伴侣告诉你他/她升职了。你像机器一样，使用缺乏热情的短语回应“哦，不错”，或者说一些同样冷漠的话，如“好”。

消极的破坏性模式（passive destructive mode）——这种模式通过把话题转移到自己身上来回应对方升职的好消息。例如，“今天我过得很糟糕。我错过了上班的公交车，又在大街上丢了钱包”。

积极的破坏性模式（active destructive mode）——这种模 53
式是给出一个明显的消极回应，主动抵消对方的好消息。因此，在回应“猜怎么着？今天我升职了！”时，另一方可能会说：“哦，不，我想这意味着更多的责任和更多的压力！你确定你能行吗?”“这太糟糕了，现在我们将处于更高的税级，有些福利拿不到了。”

积极的建设性模式（active constructive mode）——在这种模式中，你会给予伴侣无限的热情和能量满满的支持，让他们充分享受好消息带来的好心情。例如，“恭喜啊！多好的消息！你一定很高兴！告诉我是怎么回事?”“你再说一遍！你老板到底跟你说了什么？你是怎么回复老板的？我们怎么庆祝呀?”等等。

注意，若想用积极的建设性模式回应，你必须把注意集中在你的伴侣身上。不要分心，关掉电视、收音机或手机，让他们在不被打断的情况下告诉你这个好消息。你可能需要一些练习来作出热情而真诚的反应。

积极的建设性模式是唯一能让他人感觉更好的回应好消息的方式。在这个过程中，你表现出对他们的支持，让你们的关系向积极的一面发展。

这四种反应模式中，哪一种是你与另一半之间的沟通方式？如果你不经常使用积极的建设性模式，可以在家人、朋友甚至街边小店的店员身上尝试一下。注意这对你们的关系有什么影响！不妨在你的幸福日记中记录你的人际关系是如何开始蓬勃发展的。

人际关系中的积极情绪 54

在建立牢固、快乐和持久的人际关系方面，心理学家约翰·戈特曼（John Gottman）的大量研究表明，为保持人际关系健康，我们需要积极和消极的情绪，但积极与消极互动之间的平衡不是1∶1，而是5∶1。五倍的积极情绪可能看起来很多，但这并不意味着每种情绪都必须是高能量的积极强烈体验，如幸福、喜悦或狂喜，它也有可能是低能量的积极情绪，如善意、好笑或趣味。简单而言，戈特曼的研究表明，要使一段关系蓬勃发展，发生的积极事件必须是消极事件的五倍。

试一试

以你此刻的任意亲密关系为例，回忆过去的24小时或48小时。

你们能列出多少积极的时刻，如一起大笑、享受彼此的陪伴或帮助？现在写下来。

你们能共同回忆起多少彼此都感到消极的时刻，如大喊大叫、怒不可遏的时候?

积极的时刻与消极的时刻的比率是多少?如果积极的时刻多于消极的时刻,那么恭喜你,这是一个好的开始!

55 然而,如果在这段关系中,积极比率低于5:1,你会做些什么来增加积极的时刻(如第3部分介绍的“善意的行为”)或减少消极的时刻呢?下决心在接下来的24小时做些什么来改善这一比率吧。

了解你我

你对现在的伴侣或未来的恋人有多了解?我的朋友卢(Lou)和拉尼(Rani)结婚8年多,有两个孩子,一个7岁,一个4岁。与许多夫妇一样,他们过着非常忙碌的生活,经常发现很难平衡工作与家庭,可以放松并享受彼此陪伴的“二人时光”已被挤出日程。“我们就像夜晚的船只,”卢抱怨道,“我们都忙着工作,或者照顾孩子和整个家庭。我们不能像结婚之前那样把大部分时间留给彼此。虽然我一直在回避这个问题,但我认为我们正在变得疏远。我觉得我好像不了解拉尼了。”

戈特曼作为婚姻和亲密关系方面的权威专家,建议那些想要建立并维持更牢固的关系的夫妻持续性地花时间和精力了解彼此，包括彼此最喜欢的食物、朋友和球队，以及愿望、梦想和抱负。想象一下参加古老的智力问答游戏“Mr and Mrs”并答对了所有问题！用这种方式跟进伴侣的需求并不一 56
定会占用你大量时间，尤其是当你可以下意识地经常去做这件事时。即使你已经和现在的伴侣在一起很多年了，这仍然是件值得做的事。事实上，有些人认为这种情况更需要这么去做，因为人会变，朋友会来来去去，甚至足球队评级都会降低！

试一试

这些关于伴侣的问题，你可以直接回答出几个？

1. 他/她最喜欢/最不喜欢的电影是什么？
2. 他/她最亲密的两个朋友是谁？
3. 如果中了彩票，他/她要买的第一件东西是什么？
4. 他/她在学校里最喜欢/最不喜欢的科目是什么？
5. 他/她最崇拜哪两个人，为什么？
6. 他/她的第一份工作是什么？
7. 如果钱不是问题，他/她会做什么工作？

在你第一次遇见一个人的时候，你通常会充满动力地探索关于他/她的一切。你很可能会问这些问题，并且非常渴望得到答案。随着时间的推移，你很容易忘记更新伴侣不断变化的喜好、欲望和需求。因此，“重建联系”不无裨益，这可以帮助你们避免彼此疏远。戈特曼说，真正了解你的伴侣是
57 建立长久关系的关键。他建议夫妻双方保持沟通，定期花时间、精力来获得这类信息。

不妨请你的伴侣也来回答这组问题，并与你一起讨论答案。你们也可以轮流添加自己的问题，来获得一些乐趣。

重要知识点

- 对关系的渴望是人类的基本需要。
- 你的人际关系（与家人、朋友、爱人、同事和其他人的关系）是幸福的主要来源。
- 拥有牢固、幸福的人际关系的人获得的积极情绪体验是消极情绪体验的五倍。
- 你可以通过增加一段关系中的积极情绪体验或减少消极情绪体验，实现5:1的积极比率。
- 幸福会传染。为他人做点好事可以增加你的积极情

绪，也会让别人感觉良好。

• 对伴侣的好消息的回应与你在困难时期提供的支持同等重要。

• 如果你天生的反应风格不是“积极的建设性模式”，那就得坚持练习！

• 密切关注伴侣的好恶对建立牢固的关系至关重要，因此，要花时间了解他们的好恶是什么（并不断地问问题）！

59

6. 意义和目标

我们在第 1 部分讨论了幸福的定义，包括享乐主义幸福、主观幸福感和自我实现幸福。你可能还记得，尽管“自我实现幸福”在积极心理学中仍是一个相对模糊的术语，但它通常被用来指代生活中的意义和目标。在塞利格曼的幸福模型中，意义是幸福的五个元素之一，其他四个是积极情绪、成就、人际关系和投入。

意义为什么如此重要呢？

重要知识点

积极心理学研究表明，意义在我们的生活中有两个关键作用：

- 为我们提供必要的**基础**，使我们更有韧性，能从逆境中恢复过来。
- 给我们一种**方向感**，使我们能树立想要达成的目标。

临床心理学家保罗·翁（Paul Wong）博士进一步指出，意义对我们的幸福和创造美好生活的能力至关重要。他将自 60
己对意义的理解概括为“PURE”：

目标（purpose，P）包括你的目的、价值和抱负，是动力。没有目标的生活就像一艘没有舵的船，你需要目标来保持稳定和把握方向。虽然幸福的其他方面，如个人的力量和自尊也很重要，但目标尤为关键。你一定要有一个目标，无论它具体是什么。

理解（understanding，U）是意义的认知组成部分，包含自我意识和理解你是谁、你在做什么，以及如何全身心投入更宏大的计划。

责任（responsibility，R）是行为的组成部分，包括做正确的事，做与你的价值观一致的事，并为你的行为承担责任。如果我们要求自由、自主和选择的权利，那么我们就必须对作出的决定和采取的行动承担相应的责任。

享受/评估（enjoyment/evaluation，E）包含两个部分：一是意义的情感（与情绪相关的）部分，即我们是否享受自
己的生活；二是意义的评估部分，即如果我们不享受自己的 61
生活，就需要重新进行评估并作出调整。

快进

“目标”这个词经常被用作意义的同义词。你可以通过一些活动来帮助自己寻找人生目标。一种方法是想象自己即将走到生命的尽头，并回答以下问题：

（1）我想以什么方式、因什么被人记住？

（2）我想被谁记住？

（3）我希望别人谈论我的哪些成就和优点？

（4）回顾过去，我对自己的生活感到满意吗？

（5）我现在的生活方式可以实现这些吗？

回答这些问题可以帮助你确定是否在按照自己的价值观生活，是否正走在实现目标的路上，以及你的生活是否如你所愿。

62 如果对问题 4 和问题 5 的答案是“不”，那就考虑一下能作出哪些小小的改变来确保你现在正朝着正确的方向前进。哪些是你实际能去做的事？哪些是你可以控制的事？你目前正在做的事会让你朝着这个目标前进吗？阅读关于动机和目标的第 15 部分或许会有帮助。

在你的幸福日记中写下你的答案。

保管好你的答案，在几个月或一年后重温它们，问问自己是否在朝着目标前进的路上已有所斩获。当你进一步了解自我和幸福对你的意义时，你可以随时修订你的目标。

有时，人们认为他们的人生目标会突然变得清晰，但根据研究，这通常是一个缓慢的、随着时间逐渐实现的过程。

实用小贴士

心理学理论认为，有几种不同的方法可以带来生活的意义和目标：

第一，你可以持续积极主动地投入精力，逐步完善你的人生目标，直到它变得清晰。

第二，你可能会经历一些永远改变你生活的事，如孩子的出生或严重的疾病。这类事件可能会促使你以不同的 63
视角反思你做的事和你的目标。

第三，你可以通过观察、学习和模仿别人来发现你的人生目标。

你对事物的好奇心和主动提问将有助于你获得更多发现人生目标的机会。

对很多人而言，思考人生目标可能令人不适或过于抽象。对于精神性不那么强、不相信高阶事物的人，空谈人生目标有些不着边际。对于另一些人，思考人生目标可能意味着直面一些令人尴尬或不愉快的事实，提醒我们，迄今为止我们是如何生活的。这都很正常，毕竟我们都是普通人。然而，正如研究揭示的，相信你在某种程度上有所作为，相信你的人生也有目标，是你获得幸福的基础。

如果你对人生目标感到不安，有一个理解生活意义的更实用的方法，那就是退后一步，从你所做的工作开始思考。这份工作可以是正式有偿的工作，也可以是志愿工作、社区工作或养育孩子和照顾家庭。无论你的工作是什么，它有意义吗？

心理学家埃米·文斯尼斯基（Amy Wrzesniewski）自 20
64 世纪 90 年代中期以来一直在研究工作的意义。心理学领域通常会从两种对立的角度来探讨工作的意义：意义由我们个人的性格特征决定，还是由外在工作的具体特征决定。这里我们将从第三个角度来看待这个问题，它无关于你和你从事的工作，而有关于你与工作的关系。个体与工作的关系主要有三种：

（1）作为工具的工作——工作仅仅是实现目标的方式。你身不由己，参与工作并非出于喜欢这份工作。工作为你在工作之外享受生活提供了经济资源。经济自由后，你不会从事这项工作。

（2）作为事业的工作——工作被视为一项事业，你享受它，但会把精力集中于获取一份更好的、更高层次的工作以及相应的奖励，如更高的薪水、社会地位、权力和自尊。你依然受到外部因素驱动。

（3）作为使命的工作——工作本身就是目的，是生活中最重要的部分之一。如果我们把工作看作一种使命，我们会出于它对更广阔世界的贡献和它带来的个人成就感去做，而不是仅仅为了奖励或晋升（尽管这些也是重要的）。如果我们 65
把工作视为一种使命，我们会热爱自己的工作，会为不能再从事这份工作而感到沮丧。

文斯尼斯基认为，我们工作的方式以及我们对工作的不同理解，会影响我们对生活的满意程度，对我们幸福感的影响甚至可能大于社会地位和收入。你应该不会惊讶于把工作看成一种使命与更高的幸福感有关。

试一试

工具、事业还是使命？

反思你目前的工作（有偿的或无偿的）。你把它视为工具、事业还是使命？你总是这样看待工作吗？回顾过去曾从事的工作，问自己同样的问题。如果你的观点在你换工作时发生了变化，你能找出原因吗？

不妨在你的幸福日记中记录你的想法。

如何让你的工作更有意义？

一项对医院清洁工的研究表明，人们对同一份工作的看法完全不同。有些人认为它毫无意义，有些人的观点则截然相反。一组清洁工认为打扫工作单调乏味，他们只是根据工作要求完成这份工作，尽量减少与患者的交流。他们不喜欢
66 自己的工作，觉得不需要什么技能。换句话说，他们觉得自己的工作毫无意义。第二组清洁工会“设计”或者说“塑造”他们的工作，使它变得更有意义。他们会承担额外的任务，与患者有更频繁的互动。他们享受自己的工作，觉得这对患者的健康很重要，也为医院的顺利运转作出了贡献。

试一试

重新定义你的工作

你的工作有意义吗？如果你认为你的工作可以更有意义，想一想你可以作哪些小的改变来为它注入更多的意义。例如，

办公室的清洁工会在其他员工休假或病假时为他们的植物浇水，改变与他人的关系，进而改变他们评价工作的参照系。

文斯尼斯基和简·达顿（Jane Dutton）提供了三种重新界定工作的方法：

（1）改变任务的数量、范围和/或类型。

（2）改变你与他人关系的数量和/或性质（例如，同事、客户、患者、学生及其他利益相关者）。

（3）改变你看待工作的方式（例如，看看它如何有助于更广泛的组织成功，而不是只把它看作一堆独立的任务）。

即使你觉得自己采取第一种和第二种方法的能力有限，你依然可以尝试第三种方法。

心理学家贾斯汀·伯格（Justin Berg）及其同事建议你问 67
问自己以下几个问题：

• 如果你有机会在目前的公司里描述自己的职位，你的工作职责是什么？

• 这份“理想”的工作与你现在的工作有什么不同？

• 你为什么想作出这种改变？

• 是什么阻止你作出这种改变？

• 什么能促使你作出这种改变？

不妨把你的想法记录在幸福日记里，择其中一二予以实现并坚决执行。

重要知识点

• 意义在生活中很重要，因为它提供了稳定的基础和方向感。

• 意义是塞利格曼幸福理论的五个元素之一。

• 对个人而言，意义非常个性化。你从工作中得到的意义可能与同事体会到的意义截然不同。

• 有几种寻找意义的途径。意义并不总是发生在宏大叙事中。对自己，对他人，以及对生活的好奇，都有助于寻找意义。

68 • 如果你觉得自己的人生目标遥不可及，那就从关注工作的意义开始吧。

• 重新界定你的工作是为工作增添更多意义的途径之一。

7. 成就 69

成就是塞利格曼的幸福理论中最后一个被加入的元素。这是一个相当宽泛的范畴，涵盖从成就、能力和成功，到实现目标的过程和最高程度的精通等。这些概念在心理学领域被独立研究了几十年，在积极心理学“成就”主题中将它们合在一起研究，还是一个较新颖的取向。

正如我在第 1 部分提到的，在幸福的定义上，积极心理学家的观点各异，关于幸福理论应该包含什么、不应该包含什么，并未达成一致。塞利格曼最初的“真正的幸福”模型包括三个元素：积极情绪、投入和意义。在随后的几年里，科学研究和讨论促使他增加了“人际关系”和“成就”这两个元素来改进这个模型。

成就是幸福的一个方面，它与其他元素一样，是人类的
追求。尽管我们深谙外在激励，如权利、地位和财富的提升 70
对取得成就的影响，但成就本身便具有激励作用。塞利格曼认为，单独培育成就，或与其他四个元素任意之一结合起来

培养，都将带来更高的幸福感。

现在来看看几个能增强成就感的练习。

试一试

幸福之轮再现

回顾你在第 1 部分对幸福之轮的反馈。

最近你参与了哪些提高你的能力、技能水平或成就的活动？它们可能与你的工作（有偿的或无偿的）或你的个人生活（如养育子女、关心他人、爱好）有关。

你是否从日常事务中获取成就感？是从哪些活动中获取呢？

还有哪些活动能让你在生活中更有成就感？

不妨将你的回答记录在幸福日记里。

试一试

成就档案

在你的幸福日记里绘制一个三列的表格。在第一列中，为生活的每十年分配一行：0—10，11—20，21—30，以此类推。按照这样的顺序，在第二列中列出你在这 10 年中取得的

成就，这些成就让你在当时或回首往事时感到骄傲。如何定 71
义成就取决于你自己的判断，请将或大或小的成就记录在册。成就并不局限于衡量成功的传统标准，如金钱、地位或资历。当你认为已经穷尽所有可能性时，再多花5分钟仔细想想有没有遗漏，如做过的所有有偿和无偿的工作，参加过的俱乐部和团体，以及参与过的正式和非正式的学习。

你列出的成就很可能比你最初认为的要多得多，而且很多你已经完全不记得了。现在找出你最突出的天赋、兴趣或优势（见第9部分），写在第三列中。思考它们是否显示出一些共同规律。

最后问问自己，这一周，无论是在工作中还是在家里，你可以如何以一种新的方式利用自己的能力、兴趣或优势。把你的想法记录在你的幸福日记里并坚持至少一周，观察这一周结束时它对你的幸福感造成了什么影响。

试一试

品味成就

从上次练习所列清单中挑出一个突出的成就，再加上一项你在当时没有立刻想到的成就，花15分钟时间反思它们，品味实现这些成就的记忆（了解更多关于品味的内容可参阅第 20 部分）。

回想每一项成就：发生了什么，什么时候发生的，以及你做了什么使它实现。你使用了什么技能和能力？你需要克服哪些挫折或挑战？还有谁参与其中？你为何对这项成就感
72 到骄傲？现在回想起来有什么积极的感觉？

你也可以与你的伴侣、朋友或同事一起做这项练习，轮流分享你选择的两项成就。当他们分享时，你可以问他们一些问题来帮助他们更好地品味所选成就，探讨未来可以如何利用这些成就反映的能力、兴趣和优势。

试一试

成就锚点

你也可以利用过去的成功建立自信，激励自己取得更大的成就，在需要一点心理刺激的时候为你增加积极情绪。这是积极心理学家弗雷德里克森提出的观点。

通过第 68 页的练习，你可以获得你的成就档案。在接下来的 20—30 分钟里，找一些东西来提示你的每一项重要成就。这些提示可以是颁奖典礼的照片、奖杯、证书、任命书、

成绩单、来自亲密朋友的电子邮件或贺卡、表明你筹款数额的赞助表格复印件，等等。

把这些提示放在你容易看到的地方，在你的手机上保存它们的照片，或者在你的大脑中形成一个简单的印象。当你觉得需要激励自己的时候，花点时间看看他们，提醒自己已取得的重要成就。

如何提升目标成就水平？ 73

根据塞利格曼的理论，成就可以概括为如下公式：

成就 = 技能 × 努力

他认为，**技能**和**努力**这两个要素具有获得更高成就所需的某些特征：

• **快速思考**。根据幸福理论，如果你已掌握很多与特定任务相关的技能或知识，你就不会在基础问题上浪费脑力，从而更有能力快速思考，节省时间进行计划、检查和创新，而这些无疑是出色表现的标志。

• **快速学习**。显然，你学习的速度越快，你在任务中能获得的信息和知识就越多。这也会让你处于领先地位。

成为专家

在努力方面，心理学家 K. 安德斯·埃里克森（K. Anders
74 Ericsson）及其同事的研究表明，一个人要想在某一领域成为专家，至少需要 10 年或大约 10 000 小时的刻意练习。埃里克森所说的“刻意练习”并不意味着你要练习那些你已经知道如何去做的事，而是要将持续的努力投入你做得不够好的事上，甚至是根本做不到的事上。换句话说，为了成为专家，你必须置身于惯常的舒适区之外。这需要大量的自我激励和自律。

提高思考速度和学习速度的方法目前鲜有人知，但我们都能为提高成就投入更多时间进行刻意练习。

如果你真的想成为某一领域的专家，埃里克森及其同事提供了另外两条建议：

- 找一个能提供恰当的挑战水平和重要反馈的教练或导师，以不断提高你的技能。
- 花时间观察工作中的“大师”，然后模仿他们的技巧。

能力的角色

在第 15 部分，我们将讨论能力（胜任）作为三个基本的心理需要之一，促进了自我激励、目标实现和幸福。辅以坚 75
持不懈，能力（指自信、有效率和精通专业）在无论大小的任何层面都能导向成功。

你可以采取一些策略来提高你在某一领域的能力。一种方法是定期获取对你的表现的建设性反馈。反馈可能是本就存在于活动中的。例如，你可以直接判断弹钢琴或打壁球的水平如何。反馈也可能是你必须等待结果或需要从他人处获得的。如果你对自己所做的事没有持续的、积极的、建设性的反馈，你可以如何获得它？你能找到一位导师吗？

另一种提高实现目标的能力的方法，是提升你的技能组合。你可以逐渐让目标变得更具挑战性，这样你每次追求目标时都得更加努力。人们天生抗拒走出自己的舒适区，但请记住，这真的是学习新技能的唯一途径。因此，当你感到不舒服时，提醒自己，这种不适是你有机会学习新东西的信号！

第三种方法是接受具体的技能训练，无论是通过工作还是利用业余时间。

76 最后，正如埃里克森建议的，你可以找一个榜样来效仿。

这些都是提高能力的方法，能增加你实现成就、迈向幸福的可能性。你也可以阅读第 14 部分，我们将在这一部分讨论努力和坚持不懈的作用，它们对目标的实现非常重要。

重要知识点

- 根据幸福理论，成就是除积极情绪、投入、人际关系和意义之外通往幸福的第五条可能的路径。
- 成就包括目标达成、成功、能力、技能掌握和朝着目标迈进。
- 成就的衡量可以采用客观或主观的方式。
- 除了能直接导向幸福，成就感还可以间接地增加你的幸福感，如回忆和品味你的成功，能增强你的积极情绪。
- 技能和努力是实现目标的主要促进因素，你可以同时在这两方面提升自己。
- 心理学研究表明，无论天赋如何，成为一名专家需要付出相当大的努力，需要练习、练习、再练习！

8. 欣赏型探究

欣赏（appreciation）到底意味着什么？欣赏的时候，我们到底在做什么？动词“欣赏”（appreciate）的有趣之处在于它有几个与幸福有关的含义：

意义 1：感恩或感谢。

意义 2：认识到某物的价值或品质。

意义 3：增加价值。

我们将在第 12 部分探讨感恩的重要性，在第 20 部分从个人的角度来讨论欣赏。此处，我们将从整个系统的角度来看待欣赏。

欣赏型探究（appreciative inquiry）是一个实施和实现变革的过程，由两位美国学者戴维·库珀里德（David Cooperrider）和苏雷什·斯里瓦斯特瓦（Suresh Srivastva）于 20 世纪 80 年代提出。尽管它比塞利格曼创立积极心理学早了 10 年，但它们经常被放在一起讨论。简言之，欣赏型探究是一种以优势为基础的管理变革的方法。

78 大多数变革方法论，无论是个人的还是组织的，都倾向于从消极的角度出发，也就是你要先确定问题所在，再详细分析，最后找出解决方法。欣赏型探究的独特之处在于，它从一个积极的视角开始。换句话说，你首先要看看目前哪些部分运行良好，并在此基础上建立一个更好、更有效、更成功的未来。

欣赏型探究的精髓在于，关注运行良好的部分会创造热情、活力和参与，从而产生积极的效果，并且能比只关注消极部分的传统方法更有效地处理消极部分。欣赏型探究基于五项原则：

- “言语创造世界”。现实不是客观事实，而是一种主观体验。这意味着我们可以通过改变描述自身经历的方式和叙事的方式，来改变我们看待世界的方式和我们的感受。
- 提出问题是改变的开始。
- 我们的个人经历可以用不同的方式重新诠释和讲述。
- 通过构建积极的未来图景，我们可以有效创造积极的变化。

79 • 深入地回顾哪些事情进展顺利，目前哪些做法行之有效，比仅仅分析问题在何处更具启发性。

正如它的名字所暗示的，欣赏型探究是欣赏或评价最好的部分——无论是最好的我们自己、我们的家庭、我们为之工作的组织，还是我们生活的地区，等等。欣赏型探究还通过保持好奇和提问来促进进一步的探索与发现。这要求我们对新的可能性持开放态度，并创造性地发挥它的最大价值。

欣赏型探究如何起作用呢？

在深入研究欣赏型探究的四阶段过程之前，我想提醒一下大家：我们很容易相信改变是一个线性过程，遵循诸如“做 X 则得 Y”的路径。但是，如果你参与过组织发展或变革管理，你就会知道事情远没有这么简单，否则绝大多数的变革方案就不会失败了。欣赏型探究的优点不仅在于它使用了一个简单的四阶段流程，还在于它在系统层面处理了变化，也就是说，它以使得系统能够如常运转的人际关系和惯例为基础。

这就是为什么库珀里德坚持要让“房间中的整个系统”来作出改变。在实践中，这可能意味着大量组织利益相关者同 80
时处理同一问题。库珀里德自己曾在一个房间（仓库）为 750 多名营养食品员工和利益相关者提供指导。新的网络技术使成千上万的人可以参与进来，如 IBM 的“脑力大激荡”（jam sessions）。这听起来可能有些吵闹、混乱和不现实，而一旦厘清逻辑，明确规则，欣赏型探究不仅会激发创新、合作和投入，而且与传统的自上而下的方法相比，它更快捷、有效，充满活力。

欣赏型探究的四个阶段

作为一个变革过程，欣赏型探究有四个不同的阶段，始于你确定了自己的“肯定性话题”①（affirmative topic）——有时也被称为“积极核心”（positive core）。换言之，变革不会从思考你想要解决的问题开始，而是关注你想要创造的积极的未来。

想象一下在新的一年，你下定决心要节食或戒烟。与其专注于“停止吸烟”或“减肥”，你可以从省钱，变得更加
81 健美、健康和精力充沛，或者能穿上新的红裙子切入。更进一步探索这个目标，你可能会把自己积极的未来形象描绘成“每天都踏着春天的脚步”“有信心结交新朋友”或“有精力和

---

① 翻译参考：弗兰克·约瑟夫·巴雷特，罗纳德·尤金·弗莱.（2017）.*欣赏型探究：一种建设合作能力的积极方式*.张新平，译.上海：上海教育出版社.

家里的年轻人一起在公园里跑步”。

你也可以用同样的方式重建工作目标。与其关注“提高管理技巧”这种暗示自己能力不足的目标，你可以从“成为鼓舞人心的领导者”的角度重建工作目标。积极重建背后的逻辑是找到工作的方向。第 15 部分有更多关于趋近目标和回避目标的内容。

一旦确定了肯定性话题，你便可以进入第一阶段。

第一阶段：发现——什么是最好的？

欣赏型探究的发现阶段包括就肯定性话题提出更多正面表述的问题，并思考你给出的答案。这些问题会以更积极的方式建构。如果你是与别人一起做这件事，发现阶段也包括分享与话题相关的积极故事。通过保持好奇和提问，一个更积极的未来逐渐浮现。

试一试…… 82

想象你在工作中灰心丧气，受够了你的工作或服务的组织，急需振奋精神。你想要重新捕捉这个职位的积极元素。这些积极元素激励你开始从事这份工作，重新点燃你刚加入公司时的兴奋感。

试着问自己以下问题，并在你的幸福日记中记录你的答案：

1. 想想你最近的工作经历。回忆一件让你感到非常满意或自豪的事。简单描述一下，包括你在其中的角色和你的感受。

2. 最初是什么吸引你加入这个行业 / 为这家公司工作 / 承担这个职责？

3. 别谦虚，你最看重自己哪一点？

4. 你具有哪些职责所需的最重要的品质和优点？如果你已经完成第 4 部分（第 43 页）的活动，可以参考它。

5. 你的工作对公司的成功有什么贡献？

6. 想出另一个与你从事同样工作，并且被你视为榜样的人。他 / 她做了什么让你如此尊敬或钦佩？

你的回答将为你打下实现愿景的基础。你在其中的角色是充实、投入且充满活力的。

83 第二阶段：梦想——接下来是什么？

在这一阶段，你将创造一个积极的、引人注目的未来愿景。它基于你在发现阶段写下的叙事和故事。它回答了一个宽泛的问题："可能是什么？"

如果发现阶段是确定你想要的东西中"最好的"那一个，以及你最看重的东西，梦想阶段就是将它投射到未来，设想一些更美好的东西，并开始创设开启这一未来的条件。

试一试

现在来想想未来，也许是六个月后，当你的工作既令人满意又鼓舞人心，你会对此感到真正的有动力和兴奋。

现在与那时的不同点在哪里？你的表现有什么变化？哪三件事的发生使变化得以实现？

想一想

许多教练使用所谓的"奇迹问题"来帮助客户清晰地想象这种积极未来的模样和感受，以及他们在其中扮演的角色。

奇迹问题是：

> 想象午夜时分，奇迹发生了。你遇到的问题在你熟
> 睡之际得到了化解。但是因为奇迹发生在午夜，没有人 84
> 告诉你它发生了。第二天早晨醒来时，你会如何注意到
> 奇迹的发生？会出现什么样的改变呢？

你可能需要花5分钟思考奇迹问题，并在你的幸福日记中写下你的答案。

第三阶段：设计——我们将如何实现？

在欣赏型探究过程的第三阶段，你专注于回答这个问题：“如何实现？”别忘了欣赏型探究与其他变革方法有很大的不同，因为它植根于过去的积极图像而不是过去的问题和困难。这一点很重要，因为它有助于确保你在第二阶段创建的愿景既脚踏实地，又充满挑战和刺激。欣赏型探究的支持者常说，你关注什么，就会更多地得到什么。

试一试

关注你未来最想从事的工作或承担的职责，然后问自己以下几个问题：

- 究竟发生了什么？
- 你做了哪些不同的事？
- 你会保留哪部分工作内容？你会放弃什么？你会做什么不同的事？你会做什么新的事？
85 • 还有谁会参与其中？他们会在哪些部分支持你？他们在

说什么或做什么？

• 具体而言，这种积极的未来看起来如何？你有何感受？

将你的答案记录在你的幸福日记里。

阶段四：实现——我们将做什么？

在这一阶段，你将开始实际工作，将梦想变为现实。在欣赏型探究理论中，专注于积极的事物会自然而然地催生良好的势态。当它被用于组织中时，人们会自发地推动他们的“激情所在”。在实践中，可能需要一个项目经理或“欣赏型探究王者”来确保所有的进展处于正轨。

你需要明白的关键信息是，没有一种既定的正确方式来执行这个阶段的工作，因此也看“天时”(destiny)。采用欣赏型探究的方法开展变革的组织往往会发展出即兴发挥的能力——通过积极地建构过去，自发地发展和改进。

重要知识点

• 欣赏型探究是一种变革的方法，它能激励人，鼓舞人，给予人能量。

• 欣赏型探究常用于组织内部，但情侣也可以利用它来探索彼此的关系，个人也可以借助它来促进自身的改变。

86 • 欣赏型探究被世界各地的公共组织和私人组织使用，包括沃尔玛、英国航空、波音公司、美国海军和联合国全球契约组织（United Nations Global Compact）。

• 欣赏型探究起源于20世纪80年代，至今仍被广泛视为积极心理学的一种关键变革工具。

有关欣赏型探究的更多信息，请参阅本书末尾的“资源”部分。

9. 性格优势

性格优势（character strengths）是积极心理学中一个非常重要的概念。对许多在这个领域工作的人和组织来说，这已成为他们工作的焦点。原因之一在于，优势是一个实实在在的具体的主题。当你谈论优势时，人们很容易理解你的意思，不像提到享乐主义幸福或自我实现幸福时，人们会经常感到困惑或惊讶（见第 1 部分）。此外，与优势相关的大多数讨论都很接地气。

截至本书创作时，有几种著名的优势分类。

首先是对“个人优势”或“性格优势”的评估。积极心理学领域中最有名的模型或许是《优势行动价值问卷》（Values in Action Inventory of Strengths，VIA-IS/VIA）。它由 24 个性格优势组成，如爱、好奇心和社交智慧。基础的在线 VIA-IS 评估是免费的，包括一份按从上至下的顺序显示你的优势的简短报告，并可选择支付少量费用获得更详细的报告。

88 第二个模型是评估工作相关优势的优势测评（Strengthscope™ assessment of work-related strengths）。该模型也可以在网上找到。它评估 24 种对于工作表现最为关键的优势，如决断力、目标导向聚焦和协作。

最后是 R2 优势评估模型，它更为人熟知的名字是“Realise 2”。它涵盖工作和个人两方面的优势，基于 60 种不同的心理属性，包括“倾听者”“融洽关系建立者”和“时间优化者”。有关这些优势模型的更多信息，请参阅本书末尾的“资源”部分。

对优势的一个误解

人们常常将优势与能力、天赋或技能相混淆，但在积极心理学中，它们不是一回事。出于这个原因，我省略了克利夫顿优势识别器（Clifton StrengthsFinder™），它测量的实际上是天赋，而不是优势本身，并将天赋作为发展优势的基础。

例如，《24 种人格优势测试》测量的内容与能力、天赋和技巧的差异在于：

（1）人格优势有价值判断。

（2）人格优势不会被荒废。

值得一提的是，积极心理学家使用的各种优势模型并不 89
一定以同样的方式定义优势，请留心！

优势是什么？

在优势测评或 R2 优势评估模型中，优势是那些能赋予我们力量的特质，让我们感觉像是顺应天性而为，并能使我们获得最佳表现。你的优势很有可能正是你擅长的事。

什么时候优势不成为优势？

如果你在某件事上有能力、有天赋或技能，那么可以说你擅长这件事。在积极心理学术语中，一项优势最有可能是你擅长的事，因为你会经常使用它。但这也不是必然的。例如，你可能有一种“尚未发掘的优势”（unrealised strength，R2 优势评估模型术语），也就是一种处于休眠状态的优势，正等待着被发现并发挥出它的最大潜力。

为了说明这一点，来看看我同事萨莉（Sally）的故事。她是一位优秀的组织者——如果你想让某个活动顺利进行，无论是工作场合中的社交、孩子的生日聚会，还是社区里乱扔垃圾的问题，都可以去问她。她知道该联系谁，该做什么，

90 该怎么做。她能高效而专业地完成工作。她总在正确的时间出现在正确的地方，使每个人都能享受其中，并对她的工作赞不绝口。

但是萨莉喜欢组织活动吗？不！“我知道我擅长组织活动，我闭着眼睛也能做到，”她说，“这就是为什么人们总是请我去做这件事。它很简单，但是当我想起它的时候，我从不觉得组织活动的我是真正的我。我不会因此充满活力。恰恰相反，当一切终于结束的时候，我感觉自己被掏空了。”换言之，萨莉擅长组织，但这并不是她的优势。

识别你的优势

你可以找到你的优势，因为它们：

- 让你充满活力。
- 让你感觉像找到了“真正的你”。
- 为你带来巅峰表现。

而且，你从不会强迫自己发挥你的优势，你自有这样做的内在动机（见第 15 部分）。

什么样的事适合你？当你处于最佳状态时，你在做什么？积极心理学家林利的一个实用建议是，回顾你的童年时代，从中寻找线索。花点时间回想你的早年生活，回忆你喜欢做、擅长做或者做起来很容易的事。

从我的个人经历来看，我一直很喜欢研究和写作——我在 9 岁时写了我的第一本书，在学校放假期间自愿完成了几个研究项目。现在，我去哪里都随身带着纸笔。

记住，你的优势并不总是显而易见的。有时我们根本不知道自己具有的优势（例如，我们没有发现它们），或者我们认为这些优势理所当然。我们通常认为其他人也可以做我们能做的事，而且做得一样好。

林利认为，找出你潜在的或未被发掘的优势的另一条线索是，想想在哪些情况下，你会因别人没有能力把事情做得和你一样好或像你一样快而沮丧。这可能是你在这个领域有实力的一个信号，而你还没有充分认识到这一点。

发挥优势的好处

越来越多的实证研究证明，每天都能发挥自己的优势对于保持心理健康有很多好处，例如：

- **心理韧性的提升**。更常发挥优势的人更容易从生活的逆境中恢复过来。

92 • **活力的增加**。发挥优势与更高水平的积极能量相关。

• **压力的减少**。更充分地发挥优势预示着更少的压力。

• **自信和自尊的提升**。更充分地发挥优势与自我效能和自尊的提升有关。

• **幸福感的增加**。从长远来看，发挥优势与提高幸福感有关。

研究表明，发挥优势不仅能提高你的幸福感，还能提高你在工作中的表现，让你更投入，更有可能实现目标。我相信这些好处能说服你去发现并更多地发挥自己的优势，无论是在生活中，还是在工作中。

试一试

用新的方式发挥你的优势

在线完成《优势行动价值问卷》。它是免费的，120 题版本大约需要 10 分钟完成。

收到你的在线优势报告时，请关注你的优势。你是否认同报告中排在前列的优势（如前 3—5 项）？它们像“真正的你”吗？你对那些排在后面的优势感到惊讶吗？

93 现在看看你排在前列的优势，想想如何用新的方式来发挥它们。以下是心理学家克里斯·彼得森（Chris Peterson）的一些建议：

- 如果热爱学习是你的明显优势之一，那么每天学习和运用一个新单词，或者读一本非小说类的书。
- 如果思想开放是你的一项明显优势，那么可以在谈话中站在与自身观点相反的立场去讨论。
- 如果创造力是你的一项明显优势，那么请在你的下一篇文章或办公邮件里加上相同的韵脚。
- 如果感恩是你的一项明显优势，那么就写一封感谢信（有关感恩的更多内容请参阅第12部分）。
- 如果社交智慧是你的一项明显优势，那么就和团队中或班级里的新成员交个朋友，并把他/她介绍给其他成员。

现在你已经了解了这种方式，请想出一些适合自己的方法来发挥你的明显优势，并决心在未来的一周内每天都这样做。

如果你正与伴侣或朋友共读这本书，为什么不一起头脑风暴或汇集你们的观点呢？有时候，为别人想办法会更容易。

开展一些发挥你明显优势的新活动，在你的幸福日记中记录你发现的这件事的好处。

试一试

优势工具箱

另一个发挥优势的好方法是把它作为个人工具箱，一个你可以随时利用的隐性资源集合，帮助你解决挑战和问题。

94 想想你目前在生活或工作中面临的问题，用一两句话总结在你的幸福日记里。现在列出你的优势，依次思考如何利用它们来解决眼前的问题。

例如：

奈马（Naima）最近升职失败，感到沮丧和灰心。作为一个相当保守的人，她着实花了一段时间来获得足够的自信，以便让自己往前迈出这一步，因此很容易理解她对没能得到这个职位的失望。然而，这次失败开始影响她在办公室的表现，她开始怀疑自己是否处在正确的职业道路上。

奈马排在前列的人格优势是：坚持、勇敢和领导力。

• 勇敢：她可以鼓起勇气向晋升小组询问她落选的具体原因。这可能会帮助她更好地理解她需要做什么以确保下一次能晋升成功。

• 坚持：她可以看看那些在接下来的 6 个月里仍然需

要去发展的技能并接受一些训练，之后她可以重新申请晋升。

- 领导力：通过对这个问题采取积极主动的态度，她将向团队其他成员展示如何在困难面前保持韧性，如何从逆境中学习和获益。

现在把你的问题和行动计划写进你的幸福日记，并承诺去完成。

你会发现，用这种方式发挥你的优势会为你增添信心、 95
动力和精力来解决可能使你精疲力竭的问题。

最后，思考你可以利用自己的优势作出哪些小小的改变，帮助自己在生活或工作中产生巨大的变化。把这些记录在你的幸福日记中，并承诺立即采取行动。

关于弱点的说明

尽管实证研究证实了识别和发挥优势将有利于长期幸福，但依然有两个重要事项需要考虑。

首先，你很可能在某些方面有优势的同时，在其他方面存在弱点。如果你完成了《优势行动价值问卷》，你就会知道最能激励你的优势（列表最上方）和不能激励你的优势分别是什么。处在列表底部的不一定是你的弱点，也可能是你未被经常使用的优势，因为它们不能激励你。也许你可以在不特别关注底部优势的情况下过得很好，但情况并非总是如此。例如，假设处在列表底部的是领导力和社交智慧，而你是团队领导者，那么你可能需要以某种方式发展它们，才能在工
96 作中充分发挥出效能。你可以接受额外的培训，与专业的教练或导师合作，或者与有互补优势的同事共事，这样你就可以在需要的时候利用这些优势。

其次，你需要记住，一种力量可能会被过度使用。当这种情况发生时，优势就变成了与之相反的弱点。优势测评称此为“过度驱动的优势”。举个例子，如果你过度使用勇气的力量，你可能会发现自己冒着非必要的风险，或面临很有可能失败的挑战。朋友和同事可能会认为你鲁莽、冲动或有勇无谋。因此，在考虑发挥优势的方式和时机时，切记不能完全忽视老套的常识。

重要知识点

- 研究显示，从长远来看，发挥你的优势会带来更高的幸福感。

- 发挥你的优势不会让你觉得自己在做一件苦差事。相反，你会感到兴奋、渴望和振奋。
- 在工作中发挥你的优势会提高你的表现。
- 在决定如何及何时发挥你的优势时记得遵守常识，以避免过度使用。
- 基础版《优势行动价值问卷》可以免费使用，而且完 97
成这项测试将为重要的科学研究作出贡献。
- 有关这些优势模型的信息，请参阅本书末尾的“资源”部分。

99 10. 选择

选择越多，选择就越困难。

——阿贝·德拉维尔（Abbé d’Allainval）

毫无疑问，有选择是好的，但选择越多就越好吗？基于自由市场的自由选择是所有民主、平等、健康社会的核心。这种选择涵盖重要的选择和普通的选择，包括从嫁给谁、送孩子去哪个学校、给谁投票，到吃什么菜、穿什么衣服上班、今晚看什么电视节目。选择的另一面是我们也必须为自己的决定负责——毕竟我们是成年人！

各种研究表明，“可以控制自己命运的感觉”对我们的心理福祉至关重要，限制个人选择会降低幸福感。毫无疑问，在过去的20年或30年里，我们被选择的力量诱惑，以至于我们中的大多数都认为它理所当然，没有对此进行深入思考。选择意味着我们拥有自由，意味着我们作为不同的个体可以
100 表达我们是谁，这是自我身份认同的核心。我们认为要不惜

一切代价避免对选择的否定或限制。如今，选择是我们一生中方方面面的中心。

然而对我们来说，拥有越来越多的个人选择真的更好吗？一些心理学家认为并非如此，并且已经在研究中证明：选择的增加使我们无法作出决定，会降低我们的幸福感。巴里・施瓦茨（Barry Schwartz）是世界公认的选择心理学专家，他认为，有选择是好的，但这并不意味着有更多的选择就会更好。他称之为“选择的暴政”。

试一试

当你面对看似困难的选择，无法客观进行抉择，或淹没于选择的数量时，试着区分哪些选择真正值得你付出时间和精力，哪些则不值得。

试想，你必须在1—10的范围内对选择打分：10意味着生死攸关，1意味着无伤大雅。

举个例子，选择职业是10分，选择新鞋是1分。

对于不重要的采购，心理学家彼得森建议不要逛超过两家商店，不要为节省10美分而多花15分钟的时间。

101 40年前，社会学家阿尔文·托夫勒（Alvin Toffler）描述了对持续变化和过多选择的心理反应，称之为“未来休克”（future shock）。他认为，由于我们需要处理更多的信息，在短时间内面对太多的选择——他称之为“过度选择”——会让作出决定变得更加困难，花费的时间也会更多。这将导致反应和决策速度变慢，最终引发心理问题，如抑郁、痛苦和神经症。

心理学研究支持了这一观点，证实很多问题与过多的选择有关。例如，为了作出选择，你必须在不同的选择之间进行某种形式的比较，这意味着要从越来越庞大的信息中作筛选。

最近，我不得不使用英国国家医疗服务体系（National Health Service）的“选择和预订”系统进行预约。几年前我只是去附近的医院，而现在，我能获取方圆近50千米内几家医院的海量数据，包括感染率和死亡率、停车场可用性和员工满意度。在这样的情况下，即使大部分可见的信息都与你的选择无关，你仍然需要决定是否将每个因素都纳入考量。
102 毋庸置疑，你必须处理的信息的体量和复杂性，增加了误选或犯错的可能。简而言之，过多的选择会让你焦虑，可能会促生更低而非更高的幸福感。

“多既是好”，不同实验的研究结论对这一隐含的假设提出了挑战。例如，可选项限制在 6 种以内而非多达 24—30 种时，消费者更有可能购买可口的果酱或巧克力，学生则更有可能完成一篇非强制的课程论文。更重要的是，消费者随后会对自己的选择有更高的满足感，学生也能写出更好的文章。

心理学研究者由此得出结论，选择过多可能有明显的消极影响。在琐碎的情境中，你很可能干脆什么都不选，如放弃购买果酱或巧克力，直接回家。更令人担忧的是，在其他更严重的情况下，选择过多也可能阻碍决策，特别是在需要为“错误”的选择付（可能的）代价时，以及需要付出大量时间和精力来作出明智决策时，如选择医疗方案。

选择尽善尽美，还是知足常乐？ 103

早在 20 世纪 50 年代，诺贝尔奖得主社会科学家赫伯特·西蒙（Herbert Simon）就介绍了“最优”(maximizing)和“满足”(satisficing)作为决策策略的区别。最优者是那些想要作出完美选择的人，他们在作出决定前会对所有可能的选项进行“地毯式”研究。相对地，满足者是想要作出“差不多就行”的选择的人，他们在找到一个符合他们最低要求的选项后便不会再考虑其他选项。

你不太可能是100%的最优者或100%的满足者，但你会更偏向其中某一侧。如果你同意诸如“我从不满足于第二最优解”这样的说法，并且“每面临一个选择，都会尝试想象所有的可能性，甚至那些目前不存在的可能性”，那么你更可能是一个最优者而非满足者。

想一想

最优化有一些明显的负面影响，包括：

• 比较所有可能选项所需的时间和精力，可能更适合花在生活的其他方面。

• 为可能没有作出最好的选择而遗憾。

104 • 更高的期待——当有更多选择时，最优者会形成更高的期待。这可能会导致失望，因为很少有十全十美的选择。

• 更低的满意度——最优者的脑海里总是浮现那些没能得到的，更好、更大、更快的东西。

• 自我责备——最优者将高期望与个人对失败的责任捆绑在一起。当事情出现差错、违背预期时，除了他们自己，没有其他人可以责怪。他们常说："我本该花更多时间来考虑这些选择。"

尽管研究表明，相比于满足者，最优者往往能得到更好、报酬更高的工作，但他们也需要更长的时间来适应，也有更多的压力、焦虑和沮丧！最优者也比满足者更容易受到社会比较的影响，更怀疑与他人比较时自己的能力水平。

试一试

如果你认为自己是一个最优者，心理学家推荐了许多技巧，包括：

• 降低你的期望。"降低期望就不会失望"可能是一句陈词滥调，但如果你想对生活更满意，它也是靠谱的建议。

• 选择"差不多就行"，尤其是对生活琐事而言。一旦作出选择，就不要再瞻前顾后！

• 如果有更好的选项出现，坚持你的选择，而不是改变主 105
意。彼得森建议你扔掉收据，这样你就不能退货了。

• 看清广告的目的——它让你花钱，它并不是通往幸福的路径！别再阅读休闲杂志，看电视广告。

• 不要购买一次性产品。你只需要在它们损坏时找到替代品！

• 练习感恩（见第 12 部分）。写下三件因你的选择而发生的好事。感谢你生命中拥有的一切。

重要知识点

• 有选择空间很好，但有太多的选择未必是好事。

• 过多的选择会压倒我们，引发焦虑、压力，最终导致优柔寡断。

• 如果你是天生的最优者，你可以学会“知足常乐”，即接受一个“差不多就行”的选择，而不是最优选择。

• 最优者会作出更好的选择，但从长远来看，他们的满意度低于满足者。

11. 情绪智力

所有人都会生气——这显而易见。但要选择正确的对象，把握正确的尺度，在正确的时间，出于正确的目的，用正确的方式生气，就不太容易了。

——亚里士多德

愤怒是一种制造了大量头条新闻的情绪，每周都有一些关于情绪失控者的新闻。情绪失控会导致斗气车、飞机闹事或斗殴。调查显示，绝大多数司机都认为自己曾是某些攻击性驾驶行为的受害者。很有可能你也经历过。路上的其他司机有可能相信你是无意的操作不善（没有人是完美的！），更有可能贸然断定你就是在故意插队、超车或用其他行为冒犯他的男子气概（英国内政部的报告显示，90% 以上的情绪驾驶事件都由男性导致）。然后，他们开着大灯在你身后紧跟数公里。这还是比较幸运的情况！不久前，我目睹了一场非常丑陋的路怒事件，一名中年司机被另一名司机的驾驶技术羞

108 辱，故意在红绿灯前堵住了旁边的车道，下车用木棍对另一名司机进行人身威胁。发泄出气是一回事，你可以看到盲目的愤怒如何导致实际的肢体暴力。

有人说，21 世纪的生活方式带来的压力远超出一些人能够有效应对的范围。英国广播公司（British Broadcasting Corporation）公布的一项本国调查显示，近 33% 的受访者表示自己的亲密朋友或家人难以控制自己的愤怒，12% 的受访者承认自己也有相同的问题。

本章开头引用的亚里士多德的名言精炼地解释了情绪智力（emotional intelligence）的定义。这并非说情绪智力高的人从不感到愤怒（或害怕、紧张和其他任何负面情绪），愤怒毕竟是人类与生俱来的情感。如果没有它，我们将无法进化到现在。相反，情绪智力高的人对自己及他人的情绪有更强的意识；他们能注意到自己及他人的感受，并在作决策时考虑这些情绪。简而言之，情绪智力高的人具有自我意识、自我管理、社交意识和社交技能。除此之外，情绪智力还与其他一些有益的结果有关，包括幸福感、更积极的情绪和自尊，以及更高的
109 领导力表现、更好的人际关系，甚至是更少的烟酒摄入量！

美国心理学家约翰·D. 梅耶（John D. Mayer）和彼

得·萨洛维（Peter Salovey）被普遍视为最早提出“情绪智力”概念的人。这一概念出现于20世纪80年代末，在20世纪90年代由丹尼尔·戈尔曼（Daniel Goleman）推广，几十年来发展出许多不同的情绪智力模型，其中大部分基于四种类似的能力：

1. **识别**情绪（包括自己和他人的情绪）。

2. 合理**使用**情绪，帮助你以不同的方式思考（如促进创造力或问题解决）。

3. **理解**情绪产生的原因。

4. 有效地**管理**自己的情绪。

请注意，情绪智力既有人际特性，也有内省特性。

试一试

说出你的情绪！

你有多擅长识别自己的感受？

找个能静坐几分钟，不受打扰的地方。想想此刻的感受如何。你感到平静吗？饶有兴致吗？担心吗？紧张吗？兴奋吗？你能准确说出你此时的一种或几种情绪吗？

如果你没有消极的感受，请注意，这并不一定意味着你 110

在快乐之巅。你可以同时感受到积极和消极的情绪。

不妨做一做以下测试，任意一个皆可：

《积极和消极情绪量表》，可在宾夕法尼亚大学积极心理学中心（University of Pennsylvania’s Positive Psychology Center）的网站注册后获得。它将分别测量你的积极情绪和消极情绪水平，并可以与你同年龄、性别、职业或地区的人进行比较。

《积极和消极体验量表》，可在迪纳的网站上找到。

能够准确说出自己的感受是提高情绪智力的第一步。请每天留出几分钟来练习这个技巧。

能准确识别自己的情绪只是一方面，你也能识别他人的情绪吗？想想最近你与朋友或同事发生争执的时刻——你能说出那个人当时的感受吗？几天后的感受呢？

111 **试一试**

下次坐下来看你最喜欢的肥皂剧时，静音观看 10—15 分钟并把它录下来。

你能从角色的表情中识别出什么情绪？记下剧中的角色和他们的情绪。

然后打开声音重看视频。你对角色情绪的评估有多准确?

你可以在任何你能看到人们互动的地方练习体察他人的情绪，例如，在公交站聊天的朋友，在员工食堂吃午餐的同事，前来退货的顾客，在公园玩耍的母子，等等。

你可以把注意集中在脸部，以提高你识别情绪的能力。

情绪智力高的人也知道如何运用自己的情绪以及他人的情绪。他们了解情绪如何影响思维和行为，因此知道如何有效利用情绪。

积极心理学研究表明，积极情绪和消极情绪以非常不同的方式影响我们的思维。

消极情绪:

- 让我们更专注。
- 让我们更容易进行批判性思考。 112
- 让我们更容易发现错误。
- 让我们更容易关注细节。

积极情绪:

- 拓展我们的思维。
- 让我们更容易想出新点子。

- 鼓励我们考虑新的可能性。
- 帮助我们思考机会而不是困难。

你可以重读第 3 部分，其中有更多关于积极情绪的内容。

阿尔伯特·埃利斯（Albert Ellis），与艾伦·T. 贝克（Aaron T. Beck）共同创立认知行为疗法（cognitive behavioral therapy）而备受赞誉的美国心理学家，他的研究表明，某些想法和信念会导致特定的情绪，进而引发特定的行为，如下方的表格所示。

这种信念↓	**导致**	**这种情绪↓**	**导致**	**这种行为↓**
我的权利被侵犯了或者我被冒犯了	→	愤怒	→	反击或斥责
我丢了某件东西	→	悲伤	→	退缩或放弃
我处在危险之中	→	害怕	→	逃跑
←	←	←	←	你也可以从这里开始倒着写

理解情绪也是情绪智力高的标志。情绪智力高的人（通常凭直觉）把握观点、信念、感觉与行为之间的联系。他们利用这些信息来理解为什么自己和其他人会产生这样的感觉。他们了解是什么导致某些情绪，情绪如何联系在一起，以及
113 一种情绪如何引发另一种情绪。综合说来，这意味着他们可以预测情绪反应。就控制情绪的能力而言，这是一项非常实

用的技能。而且，由于我们总要与他人打交道（不仅仅是家人、朋友和同事，还有邻居、导师、店员、司机以及世界上的每个人），知道他们在任何给定的情况下会有怎样的情绪反应也会带来很大的优势！

让我们回到本章开头讲到的愤怒。有时，愤怒始于一种潜在的、缓慢燃烧的挫败感，如果不加以有效处理，随着时 114
间的推移，这种挫败感会像高压锅里的蒸汽那样累积起来，然后突然爆发，最终有可能导致伤害自己和他人的行为。情绪智力高的人会在遇到挫折时意识到自己的沮丧，理解它是如何发展的，并在它失控之前采取措施化解它。

优秀的销售人员是情绪智力在工作中的作用的一个不太明显的例子。他们不仅能直观地理解客户当前的情绪，还能预测客户在某些情况下的感受，并利用这些信息来判断如何最好地达成交易。

试一试

再看看你的《积极和消极情绪量表》或《积极和消极体验量表》测量结果（见第 106 页）或者回想最近你意识到自身情绪的时候。你也许感到高兴、悲伤、愤怒，或者体验到复合的情绪。

是什么使你有这种感觉？你能识别你潜在的想法和信念吗？

是有不同情绪间的缓慢变化，还是突然从一种情绪切换到另一种情绪？

你发现自己的情绪反应模式通常是怎样的？你的情绪诱因是什么？

和你的伴侣或朋友一起试试这个练习。

115 情绪智力高的人的最后一个特点是能够有效控制自己的情绪。例如，他们知道如何改善糟糕的情绪，在紧张时放松下来，或者在生气时保持冷静。积极心理学的研究提供了许多方法来调节你的情绪，将你的情绪从消极转变为中性或积极。这些方法包括正念（见第 13 部分），建立希望和乐观（见第 17 部分），以及培养心理韧性（见第 19 部分）。

试一试

想象一个会让你的情绪高涨起来的情境，如必须进行公开演讲或向陌生人陈述报告。当你站在他们面前时，你会有什么感觉？在这件事之前呢？之后呢？你如何才能将不同的情绪最恰当地融合在一起，以确保你的表现完美无缺?

我们每个人都会时不时地受到消极情绪的折磨。情绪智力专家建议，最成功的情绪调节策略是消耗能量。你通常用什么策略来改善坏心情，这些策略成功吗?

以下是一些管理情绪和改善坏心情的建议:

• 消耗一些能量——尝试一次短暂的身体锻炼，如 10—20 116
分钟。即使是在马路上快走一圈，你的精神也会随之振奋起来。

• 换个姿势——站起来，向上看，伸展全身，四处走走。如果可以的话，到户外去。

• 避免使用酒精、药物和安慰食品——这些都是短期的情绪促进剂，它们只会削弱你的自控力，最终引发其他问题。

• 听你最喜欢的令人放松或振奋的音乐。

• 冥想或尝试进行 5 分钟的正念——可翻阅第 13 部分来获取一些建议。

• 找一个愉快的消遣或者做一件好事——花半小时在你最喜欢的爱好上，为邻居跑腿，或者为同事端杯咖啡。

• 以一种更积极的方式重新定义当前情景。

• 给好朋友打电话——分享问题能解决问题的一半。

如何管理他人的情绪：

- 专注地倾听。
- 敏感地提问。
- 承认他人当前感受到的情绪。

117 **重要知识点**

• 情绪智力不只是理解和管理自己的情绪，还包括理解和管理他人的情绪。

• 在工作中，情绪智力较高的人更善于说服他人，能为自己的想法激发出热情，擅长作团队决策。老板对他们的工作表现也有更高的评价。他们有更高的绩效提升，在公司中排名更高，其他人也会认为他们有更大的领导潜力。

• 毫无疑问，有自我意识、富有同情心、有自控力和社交技巧是一项优势。但在工作场所，情绪智力比智商更重要的说法尚难证实。

• 许多著名研究者认为，发展情绪智力不是一条捷径，而是终身学习如何应对新关系和新环境的过程。你会不断磨炼自己的社交技能。因此，如果你觉得自己的情绪智力不够高，不要灰心，它是可以通过学习提升的！

12. 感恩 119

你上一次对别人认真地说“谢谢”是什么时候？今天吗？本周早些时候？还是上个月？你上一次写感谢卡是什么时候？这可能有点难以回答。你肯定记得当你还是个孩子时，父母要求你在生日或圣诞节写给叔叔阿姨的感谢信。但作为成年人，我们似乎已经丢失表达正式感谢的习惯。

越来越多的心理学研究表明，感恩的人比那些不感恩的人更专注、坚定、精力充沛、热情、乐于助人、快乐、兴致勃勃和乐观。此外，最近的研究表明，感恩与心理学家说的“心理一致感”密切相关，即认为生活是可控的、有意义的、可以理解的。感恩之所以能对你的幸福有如此强大且持久的影响，是因为它能帮助你以一种积极的方式重塑你的经历。

如果这还不足以说服你拿出笔，开始写感谢信，那么还
有研究表明，那些心怀感恩的人更不容易感到焦虑、沮丧、 120
嫉妒、孤独和秉持物质主义。事实证明，感恩是与生活满意
度持续且紧密相关的五大性格优势之一（其他四种性格优势

是热情、爱、希望和好奇心）。

如果你想培养“感恩的态度”，为什么不试试下面的一些活动呢？

坚持写感恩日记

找一本你喜欢的新笔记本或日记本——这会成为你的感恩日记。如果你更喜欢电子的方式，只需在你的个人电脑或智能手机上创建一个新文件（尽管从长远来看，这可能是一个不太灵活的选择）。每个周末给自己 15 分钟，找个舒适的地方坐下来放松。回想过去的七天，写下你感激的一切。它们不必是惊天动地的事件或经历，感谢你在暴雨那天带了伞、感谢你的小侄女从水痘中迅速康复、感谢你的车通过了年度检查都可以。

随着时间的流逝，你会发现你的观点改变了——你会开始更加积极地看待生活，你的注意会从生活的消极方面不断
121 向好的事情上转移。这是增加幸福感的重要因素，因为它抵消了我们形成的固有的消极偏见。

最重要的是，任何时候，如果你感到沮丧，需要振作起来，你会从那些生活中不断增长的美好的积极时刻中受益。

案例研究

我的同事米丽亚姆·阿赫塔尔（Miriam Akhtar）定期撰写感恩日记，以下是她日记中的一段：

> 坚持写感恩日记改变了我的心态，使我从一种被剥夺、总是留意生活的匮乏的状态变得心理富足。我把发生的所有好事记在日记本里，便能更清楚地留意到它们的发生，仿佛再次品尝到美好时光的滋味。这是重温美好旧梦的好机会。

有人会建议你每天都写感恩日记，但如果这变成一种例行公事，你可能就失去了坚持下去的动力。为了提高你坚持写感恩日记的概率，我建议你每周写一次。

写一张感谢卡或一封感谢信 122

写感谢信是一种承认并感激他人帮助的简单方式。你上一次收到别人的感谢卡或感谢信是什么时候？我最近在朋友和同事中展开调查时，得到的答案是少得可怜，尽管那些收到的人对此十分感动。“每次阅读感谢信，我的嘴角都忍不住上扬，”阿尼什（Anish）说。“我把收到的那张感谢卡在壁炉架上放了好几周，”梅尔（Mel）说，“最后我把它贴在了冰箱门上。”可见，表达感谢的人会受益，接受感谢的人也会受益。

想想那些为你做过事情的人，不管事情有多小。也许你想感谢邻居邀请你在新年夜去家里喝一杯；也许你真的很感激一位教师，他激发了你对表演的热爱，在其他人都坚决反对的情况下，说服你去戏剧学校学习；也许你想感谢你的老板或同事，在工作中帮助你完成一个特别棘手的项目。

思考一下这个人做了什么使你真正感激的事。写下你的感谢卡或感谢信，具体描述他们做了什么，对你有什么影响，
123 可长可短。不必为了感恩带来的好处而做这些事，但如果你真心想让对方获得积极的感受，那就赶紧把它们投进邮筒里或亲手交付。

三件好事

在一天结束的时候，想想今天对你来说有哪三件好事。可以是重要的事，也可以是小事。这无关紧要。

你可以与伴侣分享三件好事，但你并不一定要这样做，这取决于你自己。研究表明，从长期来看，每天进行这项活动可以提高你的幸福感。

同样值得一提的是，这是一项适合与孩子一起参与的活动：这是一种培养“幸福的习惯”的好方法。

案例研究

我的朋友斯蒂芬（Stefan）有一个8岁的女儿，小姑娘有时很难入睡。她的脑子一直在忙个不停。当她疲惫的时候，可能会对事情感到有点焦虑或悲观。

斯蒂芬发现有一件事很有帮助，那就是睡前帮女儿盖被子时，让女儿分享她的三件好事。这样，她的注意就会集中在积极的事情上。“看到她脸上挂着微笑真是太好了，”斯蒂芬说，“这能让她更放松，让她准备好睡觉。”

有好事发生？ 124

心理学家认为，人类的大脑经过几千年的进化，首先关注的是生活中消极的方面。在石器时代，如果我们没有预估每座山顶都有剑齿虎，我们无法作为一个物种生存下来。

如今，尤其在发达国家，几乎没有同等规模的生存风险需要我们去应对，我们的大脑需要时间来学习这一点并持续更新。与此同时，心理学家认为，我们已经习惯并适应消极思维，因此我们必须有意识地努力将我们的思维转向积极的一面。

一项名为“有好事发生？”的活动是开始优先关注积极事项的好方法。它的工作原理仅仅是把你的注意集中在那些进展顺利的事情上：你可以从中学到什么，以及下次你可以再做些什么。

“有好事发生？”是非常有用的小诀窍，可以在工作场合尝试。当项目告一段落，展开例行事后复盘，讨论“哪里出了状况”或“什么地方需要纠正和改善”时，这个小诀窍是绝妙的解药。

125 **重要知识点**

• 感恩与生活满意度相关：你越感恩，就会越快乐，反之亦然。

• 养成感恩的习惯很容易。与许多积极心理学技巧一样，你练习得越多，越容易养成。

• 你也可以通过向别人表达你的感谢来提高他们的幸福感。每个人都喜欢得到别人的感谢。

• 即使你觉得生活中没什么值得感恩的大事，仍然会有很多小事值得感谢。如果你对此有疑问，可以从网络上他人的感恩日记中寻找启发。

- 随着时间的推移，你的注意会更容易转向生活中积极的一面，因此，坚持下去吧！

- 感恩日记可以成为你情绪低落时获取鼓励和安慰的源泉。

127 # 13. 正念

冥想的实践已有几千年的历史，但直到最近它才成为科学研究的课题，研究者正探寻其中的有益之处。冥想通常与东方的精神实践以及新时代主义联系在一起，而且很容易被入世者以毫无意义为由摒弃。希望本章能消除你对冥想的疑虑，如它的重要性，尤其是它对健康和福祉的增益。

常见的误解包括，认为冥想：

- 是逃离现实或进入恍惚的状态；
- 是只有佛教僧侣才做的事情；
- 是关于集中注意或努力思考某事，或者相反，不作思考；
- 只适用于精神性的、有宗教信仰的人或新新人类。

128 正念是一种基于冥想的特殊练习，过去 40 多年里在西方世界越来越流行。与正念冥想相关的名字是乔恩·卡巴-金（Jon Kabat-Zinn）。卡巴-金是医学名誉教授，也是减轻压力诊所（Stress Reduction Clinic）和马萨诸塞大学医学院

(University of Massachusetts’ Medical School) 正念医学、医疗保健与社会中心的创始主任。

卡巴-金将正念定义为以一种特定的方式保持专注——有意识地、在当下地、不带评判地保持专注。简单而言，正念能够以一种有意识、有目的的方式关注我们内心和外在环境正在发生的事。

理解正念的一种方式是想想它的反面——无意识。无意识指自动地、没有意识地、习惯性地、没有觉知地做事，或不曾察觉我们内心和外在环境正在发生的事。请停下来仔细想想，我非常确信你肯定经历了很多“无意识地生活”时刻，也就是，你进入了“自动驾驶”状态，自动地、无意识地做事情。吃东西就是一个很好的例子。我们吃东西的时候通常不考虑自己正在做什么，也不留意食物在嘴里的感觉和味道，也不知道我们在用餐前、用餐时、用餐后感觉有多饱。我敢肯定，我不是唯一一个忙着交谈，甚至没有意识到要品尝盘子里的食物就已经吃完了的人。现在，我们中的许多人在看 129
电视、阅读、散步甚至开车时吃饭，这使得我们更难注意到与吃饭有关的各种身体感觉。我们接下来进行的练习之一就是关于用心饮食。

实用小贴士

通向正念的关键五步

1. 不作评判，保持不偏不倚。
2. 接受事物本来的样子。
3. 注意到观点和情绪的产生。
4. 全身心投入。
5. 善于体察。

有些人觉得正念的概念很难理解，尤其是当他们一生都专注于完成任务和实现目标时。另一些人对尝试做一些没有明确目的的事感到愧疚：现在大家都很忙，没有几个人能随便浪费时间。幸运的是，研究表明，练习正念能带来很多有益身心的好处。

正念有什么好处?

研究证明，正念冥想对自身和人际关系有一系列好处，包括：

130 • 更好地控制情绪。
• 减少反刍思维（沉溺于消极观点）。

• 提高工作记忆。

• 形成更好的自我意识。

• 提高对头脑中观点的意识。

• 减少抑郁和焦虑。

• 减少身体疾病。

• 减少情绪波动。

• 使思维更灵活。

• 增加积极情绪。

• 减少消极情绪。

我的同事安迪（Andy）已经练习了十几年正念，他说：“我越练习，就越能感受到汇入当下的充满魔力的心流，也就更少地为不停的疑虑而分心。通过练习使意识专注于眼前的事物，你将更能觉察到帮助他人和自身的机会，并充分感激生命的可贵。”

现在，让我们从一些简单的活动开始正念练习。

正念进食

从平时的日程中抽出 5 分钟。找一些小零食或其他可以吃的东西，如碱水结、小块麦片、巧克力或葡萄干。你还需 131

要找一个安静的地方坐下。

首先，以你惯常的方式吃点儿你喜欢的零食。然后拿起第二个，按以下步骤食用。慢慢来，别着急。

（1）从仔细观察开始。想象一下，你以前从未见过碱水结或葡萄干。观察它的颜色和质地，在你手里慢慢地、小心地把它翻过来。观察它的颜色如何随着光线的变化而变化。注意碱水结上的细微颗粒或葡萄干表面的皱褶。嗅一嗅。你能闻到什么气味？想象吃碱水结或葡萄干，想象把它放进嘴里。注意想到要吃掉它时，你的唾液是怎样在嘴巴里开始分泌的。任何时候，当你开始思考“我为什么要这么做”或者“这是浪费时间”，承认这些都是你的想法。接下来把你的注意转移到食物上。

（2）从各个角度仔细观察后，把它放进嘴里，但先不要吃。你首先意识到的感觉是什么？是味觉，还是触觉？把零食放进嘴里时，你的感觉如何？

（3）现在开始咀嚼它。你第一次咬的时候感觉如何？你得到了一种令人满意的咀嚼声，还是一种柔软耐嚼的感觉？
132 注意它的味道——是单一味道还是复合味道？它是咸的、甜的，还是又咸又甜？慢慢来，想象你必须让它永远存在下去。

（4）最后，吞咽。留意你口中的余味或其他感觉。

（5）吃完零食后，你感觉如何？用正念的方式吃零食是什么感觉？

现在，与你吃第一份零食的体验进行比较。人们第一次用正念的方式吃饭时，通常无法相信这与他们的常规饮食体验的差异，以及能从一小块食物中挤出的快乐有多大。你也可以用饮品来执行同样的操作，如一小杯你最喜欢的啤酒、葡萄酒或果汁，可以同等有效地开启你的正念练习。

正念静坐

找一个舒适的地方坐下来放松 5 分钟。任何时候，如果你走神（这是很有可能的），承认你的想法，平静地把注意集中在练习上，而不去作任何判断。

（1）双手放松地放在膝盖上，双脚稳稳地放在地上。坐直，不要没精打采的。稍微收起下巴。鼻子吸气，嘴巴呼气， 133
做几次深呼吸。然后闭上眼睛。注意你坐在椅子、凳子或木头上的感觉。你的腿和脚有什么感觉？

（2）当你闭目打坐时，注意周围的声音。你能听到什么？一个滴答作响的时钟？远处的交通噪声？窗外的雨声？

鸟鸣声？冰箱的嗡嗡声？一只狗的叫声？还是静默无声？注意你能听到的任何声音，注意它们出现或消失的音质、节奏和音调。

（3）当你闭目打坐时，注意周围的气味——也许你首先注意到自己的香水或刮胡水的味道，或是修剪后的青草的味道，或是花瓶里花朵的味道，或是从厨房里飘出的饭菜或烘烤食物的味道，或是从路人处飘来的烟草的味道。记下所有不同的气味。

（4）注意你坐下时身体的感觉。你觉得暖和，还是凉爽？如果是在户外，你能感觉到脸上的微风或阳光吗？你是完全放松，还是身体的某些部位（肩膀、脖子、背部）有点
134 紧张？如果是的话，扭动它或伸展它。你感觉如何？你的心情如何？注意，仅感知，不要进行评判。

（5）最后，注意你的呼吸（接下来我们会做一个更完整的呼吸练习）。用鼻子呼吸。注意你的呼吸如何使你的胸部或腹部起伏。完全放松片刻后，深呼吸，站起来，伸展身体，然后睁开你的眼睛。

即使你最多坐了 5 分钟，在感觉上也可能要长得多。这是正念的特殊特征之一：当你专注于某件事时（可能是吃、

呼吸、看、听或任何真实的事件），就好像时间变慢了。

正念呼吸

如果这是你第一次尝试练习正念呼吸，建议不超过 5 分钟。你可以设置一个闹钟或使用计时器，以便在时间到了时加以提醒。

（1）找一个不会被打扰的地方。舒适地坐下来，双手轻松地放在膝盖上，双脚稳稳地放在地面上。稍微向前坐，保 135
持背部挺直，下巴略微收起。

（2）深呼吸几次，鼻子吸气，嘴巴呼气，然后闭上眼睛。注意你坐在椅子上的感觉。你的腿和脚有什么感觉？请关注身体中的所有感觉。你感到暖和，还是凉爽？四周有什么声音？请辨别每种声音。从头到脚审视你的整个身体，注意任何紧张或放松的区域。

（3）现在将注意转向呼吸。正常呼吸，注意每次呼吸时气体流入和流出的感觉。呼吸会产生起伏感吗？你能在自己的胸腔、胃部、肠道或其他地方感觉到它吗？

（4）慢慢开始数数，1 吸气，2 呼气，3 吸气，4 呼气，以此类推，一直数到 10，然后再次从 1 开始。不要出声，在心中默数。

（5）你这样做时，可能会注意到自己被脑海中浮现的想
136 法分散了注意。这是完全正常的。承认这一点，然后轻轻地将注意转移到呼吸上。重新开始计数。

（6）重复第 4 步和第 5 步，直到 5 分钟结束。

（7）再安静地坐一会儿。此时，可能会有各种思绪涌入你的脑海，或者你会感到平静。

（8）慢慢地将注意转移到你端坐的感觉上，在你准备好了之后，睁开你的眼睛。

正念呼吸是正念冥想的核心。关键是保持一定距离来观察你的思绪，而不要被它的内容吸引。正念呼吸是一种简单的技巧，你可以在任何地方练习，但它的起步可能很难。正如我的正念导师特里（Terry）和玛丽安（Marianne）说，你不必享受正念练习，你只需要做正念练习即可。因此，请多尝试！

重要知识点

- 正念对你的身心健康有巨大的好处。
- 很多日常活动都可以用正念的方式去做，为什么不自

己做练习呢?

• 尽管需要练习，但正念呼吸是一种快速而有效的方法。 137

• 你不是必须享受正念才能从中受益——你只需要坚持练习。

• 如果开始时觉得专注很难，不要担心——请继续尝试。

139

14. 思维模式

20 世纪 70 年代以来，斯坦福大学的教学和心理学研究人员卡罗尔·德韦克（Carol Dweck）研究了思维模式及其与个人表现、动机和幸福感之间的关系。简单而言，有两种思维模式：如果你有**固定思维模式**（fixed mindset），你就会相信你的个人特质（如智力）或能力（如音乐天赋或运动能力）是一成不变的；如果你有**成长思维模式**（growth mindset），你就会相信你的个人素质和能力可以随着时间改变或发展。

德韦克的研究对我们每个人来说特别重要的一点是，它揭示了思维模式如何对我们的行为和生活方式产生重大影响。

你的思维模式如何影响你的行为？

你的思维模式可以通过很多方式影响你的行为，其中一些可能会令你大吃一惊。

我们的思维模式会影响：

- 我们追求的目标类型。

• 我们应对失败的方式，以及我们是会坚持还是会轻易放弃。 140

• 我们为实现抱负付出的努力。

• 当问题出现时，我们是否会尝试新的解决方案。

接下来，我们将依次讨论每一点。

目标——重要的是旅程还是终点？

德韦克认为持固定思维模式的人会设定“成绩目标”①。对一个学生来说，这可能意味着通过考试或达到一定分数或排名。对一名运动员来说，这可能意味着在寒假中征服高难度滑道。对一位销售人员来说，这可能意味着在一个月内卖出一定数量或价值的商品。通过这种方式，一个人的素质或能力可以很容易地得到衡量，因为他们要么达到了他们设定的成绩目标，要么没有。达到目标意味着他们的技能或能力得到了验证，反之亦然。如果他们没有达到设定的目标，如考试成绩是 B 而不是 A，便意味着他们根本就不够聪明。可以说，固定思维模式是一种非黑即白的思维——要么你有能力、

---

① 译文参考：彭芹芳 & 李晓文 .（2004）. Dweck 成就目标取向理论的发展及其展望 . *心理科学进展*，*12*（3），409–415.

聪明、有才华，要么你并非如此。

141 此外，拥有成长思维模式的人对自己的表现并不那么在意，他们更感兴趣的是设定“学习目标”，也就是说他们首要关注的是在一个领域内获得能力，然后掌握它。对他们来说，生活不是胜利和失败、通过和未通过，生活更多是成长和在一切事物中学习。使用旅行隐喻来思考固定思维模式和成长思维模式可能会帮助你更好地理解：持成长思维模式的人的旅行目的是充分享受旅程并从中获益，持固定思维模式的人则更关心抵达他们的目的地。

想一想

对一个持固定思维模式的人来说，不只是失败令人心烦。具有讽刺意味的是，达到成绩目标同样会引起焦虑！这是因为一旦达到了目标，你就必须保持原有的（或达到更高的）水平，以维持自己聪明、能干、有天赋、有价值的信念。低于标准就会动摇你对自己及核心能力的信念，从而给你带来额外的压力去表现得越来越好。

带着固定思维模式，你真的赢不了啊！

应对失败

德韦克的研究表明，持固定思维模式的人如果没有达到他们的成绩目标，就会感到无助和绝望。例如，在完成大学作业时，持固定思维模式的学生只关注成绩。他们很少关注那些可能帮助他们学到东西和提高下次成绩的信息，他们忽略了教师或导师的评语。如果分数低于他们的预期，他们会很快变得沮丧，失去自信和动力。他们对失败有一种“永远如此”的悲剧式反应。例如，考试不及格或者没有得到理想的分数，就意味着他们很愚蠢，一切都完了。德韦克表示，那些持固定思维模式的人可能会说：“我永远都做不到，我不会再去尝试了。”

对持成长思维模式的人而言，失败不是什么大问题。他们关注的不是他们的感受，而是他们能从经历中学到什么，这将帮助他们下次做得更好。他们更愿意尝试用新方法来改进自己的表现。他们相信在考试中表现不好并不意味着他们是愚蠢的：这只是他们在此刻的表现。他们更有可能说：“这超出我现在的能力了。”

143 付出努力

试一试

回答下列问题：

当你提到智力时，有多少指你付出的努力，又有多少指你的能力？

智力 =________% 努力 +________% 能力

在研究中，持固定思维模式的人通常会说，智力是 35% 的努力和 65% 的能力，而持成长思维模式的人会说，智力是 65% 的努力和 35% 的能力。

你认为呢？

持固定思维模式的人认为努力是低智商的表现。他们相信“如果我必须努力工作，那一定意味着我不聪明”。持成长思维模式的人则认为努力是为了获取更大的成功，因而认为他们越努力工作就越有可能成功。“如果一开始没有成功，那就尝试再尝试”和“熟能生巧”是持成长思维模式的人的座右铭。

案例研究

几年前在一次积极心理学会议上，我有幸聆听英国游泳运动员阿德里安·穆尔豪斯（Adrian Moorhouse）谈论动力、坚持和目标。我们想知道他是如何从1984年奥运会的糟糕表 144
现中恢复过来的。尽管大家都预测他会表现得更好，但是在该届奥运会，他只获得了第四名和第六名。成长思维模式是他的成功秘诀。他没有把重点置于打败对手的次数（一个成绩目标）。他更感兴趣的是一点点地提高自己的游泳成绩，每天都能学到新的东西。简单来说，即坚持不懈地训练。通过这种方式，他被激励着继续努力，而不是放任自己因听闻对手的进步而气馁。

历史证明，这一策略是有效的。1988年，穆尔豪斯在100米蛙泳比赛中斩获了奥运会金牌。

熟能生巧吗?

托尼·德·索勒斯（Tony de Saulles）是一位作家和插画家，著有《可怕的科学》(*Horrible Science*)，他热衷于宣扬实践是必不可少的。“很多孩子似乎认为你要么擅长某件事，要么不擅长，”他最近告诉我，“我觉得孩子们听到这个消息时会很兴奋，那就是如果你准备好勤于练习，你可以变得擅长做任何你想做好的事。”

因此，坚持不懈，或者在遇到挫折时拒绝放弃，对成功至关重要。有多少所谓的“一夜成名”真的是在一夜之间实现的？这并不常见。对专家表现的研究表明，个体要达到所在领域的巅峰，需要 10 000 小时（大约 10 年）的刻意练习，
145 无论是在运动、科学还是拼字游戏中。关于此话题的更多信息，请参见第 7 部分。

积极心理学家强调，坚持不懈是人类的特质。它可以通过从事困难、艰巨的任务得到提高。彼得森还建议你用新的方法来锻炼自己的毅力，如列出要做的事，每天做一件，或者提前完成一项重要任务。

策略

固定思维模式和成长思维模式的最后一个不同之处在于面对挑战时采取的行动。面对问题时，持固定思维模式的人通常会重复同样的行为。他们最终得到的信息是“这行不通”，但他们也没有作新的尝试而是选择彻底放弃。持成长思维模式的人却不是那么容易被吓退的！他们认为困难是尝试

新策略的机会。当然，他们凭借这一做法最终更有可能成功。

如何改变你的思维模式？

德韦克帮助人们从固定思维模式转变为成长思维模式的技术之一，是教授他们大脑的基本运作方式。例如，我们知 146
道，在学习新事物时，我们的大脑会形成新的神经连接，而新的神经连接会促进大脑的生长（密度而不是大小！）。研究表明，出租车司机处理 3D 空间的大脑部分的密度更高（有更多的神经连接）。音乐家有更发达的听觉皮层。神经科学的证据表明，通过学习或实践新事物，你可以“发展”你的大脑。把你的大脑想象成需要锻炼的肌肉：练习得越多就越强。

试一试

转败为胜

回忆过去的某个时刻：你的思维模式与你作对，并阻止你得到想要的东西。对自己保持诚实。你或许将标准定为实现某件事，当你没有实现它时，你就放弃了，假装标准根本不重要。

你能从失败中学到什么？你现在已了解固定思维模式和成 147

长思维模式，下次你会做哪些不同的事呢？把你的想法记录在你的幸福日记里。

试一试

成长思维模式超级英雄

想想你身边对他们的事业、人际关系或学业表现出成长思维模式的人，如你的兄弟姐妹、朋友或同事。回想他们克服困难挫折或一系列障碍的时候。

仔细思考他们如何不受问题影响并找到解决方案。你能从他们的方法中学到什么？把你的想法记录在你的幸福日记里。

培养他人的成长思维模式

如果你是一位家长，你是否曾称自己的一个孩子为“聪明的孩子”，而称另一个孩子为“活泼的（或有艺术天赋的）孩子”？或者你年幼时也是被这样归类的。不幸的是，这种标签会强化一个孩子的固定思维模式。

除了教授基本的大脑功能，我们还可以用表扬来塑造他人的成长思维模式，尤其是孩子和年轻人。研究发现，你可以通过表扬他们的努力而不是他们的智力或能力来达到这个目的。从你的字典里去除“多么聪明的男孩 / 女孩！”这一点尤其重要，因为在大多数学校，出于对成绩目标的固化，只会培养出固定思维模式。

重要知识点

- 固定思维模式限制了你的机会。
- 成长思维模式会拓宽你的视野。
- 如果你有固定思维模式，你可以改变它。
- 你学习和实践的新事物越多，你的大脑密度就越大。 148
- 你的大脑就像一块肌肉，好好锻炼吧！
- 专家表现是大约 10 000 小时刻意努力的结果。
- 称赞孩子的努力，而不是他们的智力或能力。

149 # 15. 动机和目标

动机和目标理论是幸福研究的重要组成部分。与其他的积极心理学研究方法的概念一样，它们并不是一个新概念。广义而言，动机有两种主要类型，即内在动机和外在动机。如果你出于内在动机去做某件事，这意味着你的动机由你自己的兴趣、乐趣驱动。如果你是被外界驱动的，那就意味着你被外在的刺激因素或遏制因素（外在动机）驱动，如金钱、高分、强迫、竞争或者害怕惩罚。

与高自我激励（如内在动机）相关的好处有很多，例如：

- 更强的信心。
- 增长的活力。
- 更多的兴趣。
- 更好的表现。
- 更加坚持。
- 更有创造力。
- 150 更高的自尊。

• 更高的整体幸福感。

如果你现在正从事或过去曾从事一份工作，你很可能熟悉设定目标，因为它在许多组织中都属于年度商业计划的一部分。我们在设定的目标上取得的进展通常决定了我们年终奖的金额。即使是那些没有工作经验的人，也可能有创建个人目标（如新年计划）的经验。

目标分为两大类。第一类是**趋近目标**（approach goals），能带来我们为之努力的积极结果。“积极”在不同的语境中可以指不同的东西，包括喜欢的、想要的、让人快乐的和有益的。为追求平静与安宁搬至乡下就是趋近目标的例子。

另一类是**回避目标**（avoidance goals），是我们想努力避免的消极结果。“消极”这个词在不同的语境中也有不同的意思，包括不喜欢的、不想要的、令人痛苦的和有害的。回避目标可以是搬出城区以躲避喧嚣与忙碌。

目标理论的专家认为，趋近目标有益于我们的幸福感。
所有人在生活中都需要目标，这首先是因为朝着实现一个有 151
价值的目标进步可以让我们感觉良好，其次是因为定义和追求与我们的核心价值观一致的生活目标会让我们感到满足。心理学研究表明，回避目标充满压力，因为持续监控消极事件会消耗我们的精力和快乐，最终损害我们的幸福感。更重要的是，回避目标只保障生存，因为即使目标达成，也只能消除消极事件。同时，如果我们设定的是要去实现的趋近目标，我们的重点就是实现积极的东西，这是更有活力和乐趣的事。心理学家认为，这最终也会带来更高的幸福感。

试一试

想想你现在的生活目标、工作目标或个人目标。它们是趋近目标还是回避目标？如果是回避目标，你如何将它们重新定义为趋近目标？把它们记录在你的幸福日记里。如果有困难，可以请你的朋友或伴侣帮忙。

心理学家瑞安和德西关于人类动机和行为的自我决定理
152 论认为，目标本身对于我们的自我激励和幸福并不重要，重要的是在定义和追求目标的过程中，人类的三个基本需要得到了满足。这些需要很容易记住：

- 自主。
- 胜任。
- 关系。

自主

自主指自主性或选择我们如何行动的需要。主动而非被迫选择目标，决定做什么以及如何去做，就是在“自主行动”。可以自主选择生活方式的感觉，有益于自我激励和个人幸福。

如果你感到有一种压力要求你以特定的方式去思考、感觉和行动（如感觉你被强迫，或者为获得某种奖励才做某事），那么你就没有自主性，自我激励和幸福感也会降低。

试一试 153

想想你当前的目标（工作目标或个人目标），它们真的是你自主选择的吗？你这样做是为了取悦自己还是取悦别人？如果你的目标不是你自主选择的，你会如何改变它从而增强你的控制力？把你的思考记录在你的幸福日记里。

很多研究表明，给予外部奖励激励“良好的”行为，如在工作中提供与绩效相关的报酬，或者给孩子零花钱来鼓励他们做作业，以及对“不好的”行为进行惩罚，都会破坏内在动机。

胜任

自我决定理论的第二个要素是胜任。这是指我们做任何事的时候，都希望能感到自信、高效和熟练。

试一试

想到自己当前的目标和进展时，你是否会定期收到关于你的表现的积极的、建设性的反馈？你得到的反馈是否会激励你表现得更好？如果没有，你怎么才能得到这样的反馈呢？想想办法来提高与此目标相关的能力。也许你可以用不
154 同的方法来提高你的技能，如花更长的时间练习或者接受进阶训练。现在你或许想重温第 14 部分的内容。把你的想法记录在你的幸福日记里。

关系

这是自我决定理论的第三个要素。它指每个人都需要与他人建立既亲密又安全的关系，同时给予自身选择的自由（见第 5 部分）。

试一试

想想看你现在的工作目标或生活目标，它们是否得到周围人的积极支持？如果没有，你能如何获得他们的支持？你可以找哪些可能愿意帮助你的人来获得支持，如为你提供建议和指导？谁能训练或指导你？对自己作出承诺，要在未来几天内获得你需要的支持。在幸福日记中写下你的承诺。

瑞安和德西的自我决定理论认为，当自主、胜任和关系的基本需要得到满足，我们的自我激励和幸福感就会增强。因此，你需要考虑的重要问题是：

• 如何在生活中感受到更多的自主、胜任和关系？ 155

• 如何增强他人的自主、胜任和关系来帮助他们实现目标？

想一想下个月将要发生的重要事件或活动。这可能与你的个人生活或工作有关。思索能做些什么来增强与这个事件或活动相关的三个基本需要。

个案研究

我的同事亚历克斯（Alex）受邀给当地的一个青年群体

作一场关于积极育儿的演讲。他凭借与朋友、邻居和学校里的其他父母讨论这个问题，并邀请他们及他们十几岁的孩子一起来支持他，提高了**关系**的数量和质量。至于**胜任**，他花了额外的时间来排练演讲中要说什么和做什么，提前参观了场地以便了解现场的情况，并准备了一些额外的活动以备在冷场时缓解气氛。这样，他觉得自己已经作好了充分的准备。他对演讲主题进行了充分的研究，并与其他人进行了讨论。他通过自己决定演讲的内容和形式增强了自己的**自主性**。

---

156 强化这三个基本需要，你也会增强自我激励，更有可能获得成就感和满足感。

自我控制和对目标的承诺

我们每个人都有在新年伊始下定决心要在生活中作出重大改变，结果却发现我们的自我激励在几天内就消失殆尽的经历。这究竟出了什么问题？

试一试

你能想到一个现阶段进展不及预期的目标吗？

你在达成这个目标上投入了多少？在1—10的范围内，0表示“投入极少”，10表示“投入极多”，请诚实地回答这个问题！

如果你的得分低于10/10，问问你自己，为了达到10/10你需要作出怎样的改变？

也许在反思中，你觉得你的目标不完全在你的控制范围内，你不知道从何处入手，或者目标本身是基于外部激励设立的。

如何利用你已了解的自主、胜任和关系来建立你的自我激励？把你的想法记录在幸福日记里。

许多教练会告诉你，没有达成一个目标的原因是它不甚 157
符合 SMART 原则（我们在第 4 部分曾提及 SMART 目标）。在商业中，SMART 模型经常被用于帮助制定目标。很多教练认为，制定 SMART 目标是成功的保证。要是真有这么简单就好了！没错，SMART 原则或许会有所帮助，但人们的新年决心可能会因其他原因而动摇，如缺乏自我控制和决心，或者与其他目标相冲突。

如果你认为缺乏自我控制是你未能达成目标的原因，那么你不是唯一一个这样想的人！在一项对英国 1.7 万多名成年人的不同性格优势的研究中，自我控制一直都处在性格优势列表的末尾。从好的方面来看，它也会随年龄的增长而增长，也就是说，我们所有人都还有希望！

根据心理学家鲍迈斯特的观点，自我控制有点像肌肉——你锻炼得越多，它就越强大。这意味着在生活的某一方面更加自律可以帮助你在其他方面也有更强的自制力。与此同时，使用自我控制需要心理能量，因此与体育锻炼一样，不要过度锻炼，否则会更容易失手。

如果自我控制不是你的强项，你就需要在开始的时候步子小一点。与所有设定目标的练习一样，给自己设定一个目
158 标，但不要定得太高以至于不可能实现，否则只会让你失去动力。确定通向最终目标的小步骤至关重要。如果你的目标是跑马拉松，你不应该在训练的第一天就尝试跑完全程！自我控制的关键在于设法养成新的习惯，这些习惯只是你日常生活的一部分；一段时间后，你根本不需要太多的自我控制。就像早晚刷牙，自我控制也会变成“你日常做的小事”。

试一试

神经科学领域的研究表明，改善工作记忆有助于提高你在生活中各个方面的自我控制能力。你可以使用简单的大脑

训练软件来改善你的工作记忆，如 Dual N-Back 游戏。

快来试一试吧！

展望未来，还是回忆过去？

有关人们对目标的投入程度的研究表明，不管你是专注于已经取得的进展，还是关注有待完成的事项，它都会对你 159 的自我激励产生影响。

- 如果你全身心投入自己的目标，你可以通过关注**未来**的信息，即你仍需完成的事，来保持自我激励。
- 如果你不确定自己的投入，则可以通过关注**过去**的信息，即你已经完成的事，来增加自我激励。

从定义上讲，内在激励的目标需要较少的自制力。因此，如果你能找到提高自我激励的方法，你就不需要那么担心你的意志力了！

最后……

心理学家柳博米尔斯基认为，目标需要具备一定的特征才能提升幸福感。例如，内在的、与你的动机和需求相一致的、不相互冲突的目标更有可能提高你的幸福感和生活满意度。简而言之，并非所有的目标都能带来相同的效果：有些目标可以提高幸福感，有些则不然。

160 **重要知识点**

• 满足三个基本的心理需要（自主、胜任和关系）会增强你的自我激励和幸福感。

• 提高工作记忆会增强你在生活各个方面的自我控制能力。

• 如果你对目标的投入不确定，那就专注于你已经取得的成就——这有助于增强你的自我激励。

• 如果你全身心投入你的目标，那就专注于你还需要达成的事项——这有助于保持高度的自我激励。

• 自我控制是实现目标的基本要素，它就像肌肉，锻炼得越多就越强大。

• 如果你做某事的动力已经很充足，那么意志力的强度便不再是问题。

• 并不是所有的目标都能带来同等的幸福：确保你的目标是内在的、一致的、和谐的。

16. 营养

对于食物的思考

营养就像体育锻炼，在积极心理学中是相对次要的主题。积极心理学尚未充分认识到人体是一个完整的系统。这意味着与心理健康相比，食物和饮食通常被认为与生理健康更相关。

尽管要将营养与幸福和最优机能（积极因素）联系起来还需更多研究的支持，但有越来越多的实证证据表明，我们吃的东西与精神疾病，如抑郁症和行为问题［如多动症和反社会行为（消极因素）］有关。尽管本部分不提供饮食建议，但你值得了解一下相关的研究和良好营养的基本规则。

缺乏某些维生素、矿物质和脂肪酸的饮食，如鱼油中含量较高的 ω-3 脂肪酸，会导致抑郁、焦虑、注意不集中和情绪波动以及更强的攻击性。在一项研究中，研究人员把维生素和其他重要营养物质补充进了受最高安全级别的司法机构管理的年轻罪犯的饮食，这些罪犯的日常营养并不充足。研

162 究人员发现，与那些服用安慰剂的罪犯相比，这些服用补充剂的罪犯在拘留期间的违纪行为减少了25%。此外，监狱中的严重暴力事件也减少了40%。另一项研究发现，补充叶酸能显著改善随着年龄增长而衰退的认知功能。尽管公平地说，对单一营养的科学测试往往没能显示出积极的影响，不过这可能是由于它们需要作为均衡膳食的一部分，与其他营养一起食用。这就解释了为什么有科学证据表明，地中海饮食与更好的认知能力有关。

身体健康状况不佳往往是我们的饮食习惯需要改善的标志，心理健康状况不佳也是如此。我们中的许多人倾向于认为自己吃得很健康，但我们的记忆很容易迷惑我们。如果我们如实记录下自己的饮食，我们常常会为自己吃了什么、什么时候吃的和吃了多少而感到惊讶。

试一试

饮食日记

专家们经常建议，改变可以从坚持活动记录开始。在幸福日记中坚持做一份简单的饮食日记，几天后你便会更清楚地知道你在吃什么、什么时候吃，以及你对食物的感觉。一旦你对自己的饮食习惯有了更深入的了解，你就能更好地作出积极的改变。

在你的幸福日记中创建一个包含五列的表（如下表所示）。 163

日期 / 时间	食用的食物 / 饮料	地点	是否有同伴	当时的所思所感
样例 早上 7:30	3 片加黄油和果酱的白土司；2 杯黑咖啡	在卧室里，换衣服准备上班	否	感到匆忙，一点也不享受用餐的过程；开车去办公室的路上仍感到饥饿

随身携带饮食日记，记录几天的饮食。在记录吃喝的同时，记录下你在哪里，和谁在一起，以及当时的所思所感。这些可能会帮助你识别此前未曾意识到的某些问题的触发因素或 164
行为模式。

如果这些饮食模式和习惯对你没有帮助，如你在不饿的时候吃东西，吃错误的食物，吃得太多，或在感到压力或焦虑时吃东西等，你可以设定目标来改变它们。试着在吃东西的当下就把它们记录下来——这会让你在用餐时更清楚自己在做什么。如果把记录的工作留至一天快要结束时，你会很容易忘记细节。无论你吃了什么，一定要诚实记录。

什么是健康的饮食?

诸如阿特金斯（Atkins）健康饮食法、血糖指数（GI）或卷心菜汤这样的菜谱来来去去，但在过去几十年里有一件事没怎么改变，那就是关于健康饮食的建议。

健康的饮食应包括以下五大类食物：

- 含淀粉的碳水化合物，如面包、米饭、意大利面、谷物和土豆。
- 水果和蔬菜。
- 蛋白质，如肉类、鱼类和蛋类。
- 牛奶和奶制品。
- 脂肪和糖。

人们经常被告知要均衡膳食，但这并不意味着要等量摄
165 入每一类食物。英国国家医疗服务体系建议，日常饮食应包括三分之一的碳水化合物和三分之一的水果蔬菜。剩下的三分之一应在蛋白质、牛奶和奶制品之间进行分配，每天只摄入少量的脂肪或含糖食物。均衡膳食意味着你更有可能获得所有必需的维生素和矿物质，而不需要额外的营养补剂。在

改变饮食模式前，或者如果你有疑问，可以与你的全科医生或注册营养师谈一谈。

饮食中缺少某些维生素和矿物质会导致情绪低落和其他心理问题。

改善情绪的维生素和矿物质

叶酸存在于肝脏、绿色蔬菜、橙子和其他柑橘类水果、豆类以及酵母提取物中。叶酸缺乏与疲劳、困倦和易怒有关。

铁来自红肉、干果、小扁豆和大多数深绿色叶蔬菜。缺铁与疲劳、易怒、冷漠、无法集中精神和抑郁症状加重有关。

ω-3 脂肪酸来自富含脂肪的鱼类，如鲭鱼，对大脑发育和大脑功能至关重要，但现代饮食中往往缺乏这种营养物质。通常认为，缺乏 ω-3 脂肪酸会提高抑郁和焦虑的发生概率， 166
以及一系列发展性和精神性疾病，包括阅读障碍（dyslexia）、注意缺陷多动障碍（attention deficit hyperactivity disorder）和孤独症（autism）。研究表明，补充 ω-3 脂肪酸可能有抗抑郁和稳定情绪的作用。注意，植物中的 ω-3 脂肪酸并不具备同样的功效，要注意查看食品标签。

维生素 B12 存在于肉类、鲑鱼、鳕鱼、牛奶、奶酪、鸡蛋和酵母提取物中。严重的维生素 B12 缺乏会导致记忆力丧失、精神障碍和抑郁。

维生素 C 可以在辣椒、花椰菜、球芽甘蓝、红薯、番茄、橙子和猕猴桃中找到。在小型研究中，高剂量的维生素 C 补剂已被证明可以缓解重度抑郁症。

硒存在于巴西坚果、鱼、肉和鸡蛋中。硒是一种重要的情绪调节因子。一些研究表明，缺硒会增加抑郁和其他消极情绪。

锌存在于肉类、贝类、牛奶、奶酪等奶制品、面包和小麦胚芽等谷类食品中。抑郁是缺锌的常见症状。

167 如果你正在服用食品补充剂，不要过量服用，因为有些营养物质过盛可能会损害健康。

加工食品

加工食品和精制食品的消费是导致不良饮食和心理健康问题的原因之一。伦敦大学学院（University College London）的研究人员发现，吃过多的加工食品会增加患抑郁症的风险，而吃大量蔬菜、水果和鱼的人患抑郁症的风险更低。

其他要避免的食物和饮品

为保证你的饮食中富含维生素和矿物质，有些食物和饮料最好避免食用或者少量食用。

1. **酒精**。讽刺的是，尽管我们经常为了让自己感觉良好而喝酒，但酒精本身是一种镇静剂！根据皇家精神科医学院（Royal College of Psychiatrists）的研究，酒精的危害比海洛因和大麻等非法毒品更大。许多人是有节制地饮酒，但也有一些人并非如此。

2. **咖啡因**。大多数人喜欢咖啡因饮料是因为它能让人兴奋。但他们可能不知道的是，咖啡因之所以有用只是因为当 168
你不喝时（如隔天）会有戒断反应，降低你的警觉度和情绪，以及你的表现，再次饮用咖啡因饮料会逆转这些现象。但与人们普遍认为的相反，咖啡因实际上并不能使你的身体机能超出“正常”水平。一些研究表明，咖啡因也会增加易感人群的焦虑。

3. **即食便当**。虽然其中一些看起来很健康，但不要被上面的标签蒙骗。家里自制的食物，不含防腐剂与取悦舌头的过量糖、盐和脂肪，通常是更健康的选择。

4. **快餐**。尽管一些快餐店改善了其产品的质量，并提供了健康的替代品，但并非所有快餐店都是如此。

5. **薯片**。你知道英国人每人吃的薯片和其他的美味零食比欧洲其他国家都多吗？英国人每人每年消费的薯片估计有150 包。薯片里隐藏了许多不好的东西，如脂肪、盐和糖。英国心脏基金会已发起一项运动，旨在减少儿童食用薯片的数量，因为薯片会对健康产生长期的不良影响。

169 6. **碳酸饮料**。含糖软饮料对你的牙齿和血压都是有害的，而且会导致肥胖和 2 型糖尿病。

7. **高升糖指数食物**。这些食物包括白米饭、大部分早餐麦片和蛋糕。它们能立即为你补充能量，但不会持续维持血糖水平，很快就会让你再次感到饥饿并寻找另一种零食。

试一试

小型家庭烹调

再看看你的饮食日记。你能大致说出你的饮食中有多少是加工食品和精制食品吗？在接下来一周左右的时间里，试着作些改变，这样你就可以少吃一些预制食物，多吃新鲜的水果、蔬菜和自制的食物。你的感觉有什么不同？在你的幸福日记中记录下来。

如果你觉得这执行起来很困难，一个可行的建议是提前思考你的饮食。花点时间计划下一周的每顿饭吃什么，阅读烹饪书籍或在线菜谱，确保你能摄入所有必需的营养。列一份购物清单，当你在超市购物或在网上购物时按照清单购买。

如果你没有在家做饭的习惯，那么一个好的办法是从快速简单的食谱开始，培养自信和技能。如果你有孩子，让他们也参与到制定饮食计划、购物、准备食材与烹饪中来。即使是简单的食物，如果是你亲手做出来的，尝起来也会美味无比，很快你就能完全抛弃微波食品，和杰米·奥利弗（Jamie Oliver）[1]来一场厨艺比赛了。

享受食物带来的乐趣 170

除了吃，还有很多享受食物的方式。你可以为一小群朋友安排一次与众不同的聚餐。邀请每位客人提供一道菜，如开胃菜、主菜的配菜或布丁，共同承担聚餐的花费和乐趣。聚餐可以有一个宽泛的地域性主题，如墨西哥、希腊或印度，

---

① 英国厨师，擅长使用健康的食材和简易的流程烹饪菜肴。——译者注

以确保你的餐桌上有相补的食物，而不是不相干的几类食物。

为什么不与你的邻居举办一次“游猎晚餐”？每道菜都在不同人的家里准备和食用。同样，统一的食物主题可以帮助确保食物的协调一致，尽管你可能更喜欢惊喜！这也是一个更好地了解你的邻居，建立社会关系的好方法。

第三个可以从饮食中获得尽可能多的乐趣的活动是品味食物。了解更多有关品味的信息、研究和活动，请参阅第20部分。

如果你喜欢食物，也可以探索“慢食运动”。它通过更好地了解食物的味道、质量和制作流程，提高人们对食物的享受程度。

“把人体看作一个相互联系的系统”意味着我们需要考虑
171 饮食对我们的思维和行为的影响。食物不仅是身体的燃料，也是精神的燃料。

重要知识点

- 遵循营养专家的指导方针，均衡膳食，将有助于维护你的身心健康。
- 如果你认为需要服用营养补充剂，请咨询全科医生或注册营养师，始终坚持服用推荐的剂量。

• 从和朋友或邻居一起做饭，到放慢节奏品味食物，有很多方法可以让你享受美食。

• 尽管饮食、心理健康与幸福之间的联系还需要更多的科学研究，但已有足够的证据让我们思考食物在其中发挥的作用！

173

17. 乐观主义

你的面前有半杯水。你看到的是半满的一杯水，还是半空的一杯水？如果你是一个彻头彻尾的悲观主义者，你在意这一点吗？如果你在意，你能做些什么来改变它吗？

积极心理学有时会因只作积极的思考而受到批评。正如你阅读其他部分已了解的，积极心理学远不止于此！然而，拥有“积极思考”的能力是一件好事吗？让我们先来看看相关研究。事实证明，虽然成为一名乐观主义者有一些不利的方面，但身体和心理获得的好处似乎压倒了这些不利的方面。事实上，乐观主义能带来如此多的有利影响，以至于积极心理学家彼得森称之为“魔术贴构念”（Velcro construct）[①]——任何事情都可以“贴”在上面！

---

① “魔术贴”这一名称由美国罗克牢公司产品的英文名称“VELCRO”转换而来，该产品在 20 世纪 80 年代初进入中国。——译者注

乐观主义的好处

• 乐观主义者比悲观主义者更不容易焦虑、抑郁和沮丧。

• 乐观主义与更有效的应对方式有关——乐观的人倾向于处理问题，而不是回避问题，并更多地采用接纳、幽默和积极重构的方式处理问题。

• 乐观主义与更高的生活满意度和幸福感有关。

• 乐观主义者拥有更强的免疫系统和更低的心脏病患病风险。

• 乐观主义者手术后恢复得更快，术后生活质量更高。

• 乐观主义者能更好地适应生活中的负面事件，如严重的疾病。

• 也许与你预想的相反，乐观主义者不会把自己的脑袋埋进沙子里，如忽视疾病的预警信号。

• 乐观主义者即使面对严峻的逆境也不会轻易放弃，悲观主义者则更有可能预想可能发生的灾难并因此放弃。

• 乐观主义者面对问题时更注重行动，比悲观主义者更容易接受糟糕的现实。

既然我们已经介绍了乐观主义的一些好处，悲观主义者

能学会变得更加乐观吗？积极心理学家塞利格曼的答案是
175 “一定可以”。然而重点在于，乐观思维只是乐观主义的一个小方面，乐观主义更多的是关于灵活准确地思考，即学会挑战无益的或消极的思维方式，这些思维方式会让我们陷入困境，无法继续前进。那么，我们如何才能成为更灵活、更准确的思考者呢？

绝对不是重复积极的肯定。事实证明，乐观主义远不止不断积极地给予肯定。这当然不会对你造成任何损失（除了浪费时间），但它们也不会有太多好处。科学研究提出了其他更切实际的策略，这些策略已被证明对现实生活中的人们产生了影响，如减少抑郁的风险。在介绍它们之前，让我们先来看看乐观思维和消极思维在现实生活中是如何运作的。

解释或归因风格

一种看待乐观主义和悲观主义的方式是把它们视为不同的**解释风格**（explanatory styles）。解释风格指我们解释自身经历或发生在我们身上的事件的方式。研究发现，乐观主义者和悲观主义者有不同的解释风格。乐观主义者将消极事件和经历归结为外部的、特定的、短暂的因素。悲观主义者则相反，他们将消极事件的起因归结为内部的、普遍的、永久性的因素。在查看详细的示例前，请尝试以下活动。

试一试 176

回想你在生活中遭遇的消极事件或经历，最好是你现在已经从中恢复过来的事。花 5 分钟时间在幸福日记里写下你对事件经过和原因的解释。

现在请阅读下表的示例。你能识别出你的解释风格吗？

消极事件：解释我为什么没有得到那份工作

	乐观者奥利维娅说……	悲观者彼得说……
它是个人的吗？	面试迟到不是我的错，交通太糟糕了。 潜台词：不是因为我。	我真傻，坐汽车来，我应该坐火车的。 潜台词：是的，是因为我和我做的事情。
它是永久性的吗？	这是一次性的，下次面试我就不会遇到这种问题了。 潜台词：这是暂时的，事情会改变。	我永远也找不到工作。 潜台词：它是永久的，事情总会这样。
它是普遍的吗？	好吧，我没有得到这份工作，但这并不会阻止我享受我的周末。 潜台词：它只影响我人生的某一特定部分。	没有得到这份工作意味着梦想的终结。 潜台词：它会影响我人生的方方面面。

177 有趣的是，当我们解释积极的事件和经历时，这些观点就会颠倒过来。乐观主义者认为它们是个人的、永久性的、普遍的，悲观主义者的观点则相反（见下表）。

积极事件：解释我为什么得到了那份工作

	乐观者奥利维娅说……	**悲观者彼得说……**
它是个人的吗？	我出色地回答了那些面试问题！ 潜台词：是的，这取决于我和我做了什么。	他们在面试中问到了我熟悉的问题。 潜台词：不，根本与我无关。
它是永久性的吗？	我得到这份工作是因为我总是为面试作好充分的准备。 潜台词：是的，事情总是这样。	我那天只是运气好。 潜台词：不，事情不会一直这样下去。
它是普遍的吗？	我是一个很有才华的人。 潜台词：是的，这是一个普遍的解释，能反映我余生的状况。	我知道在面试中应该说些什么。 潜台词：不，这个好消息的出现有非常特定的原因。

既然我们已经很好地理解了乐观主义者和悲观主义者的思维方式，并确定了我们自己的解释风格，那么我们该如何去学习变得更加乐观的方式呢？

178

辩论的艺术

如果你倾向于对自己、他人和整个世界作最坏的打算，也许现在是考虑改变的时候了。监控自己的解释风格并挑战自己所作的消极解释，是让你变得更乐观的一个非常有效的方法。心理学家称之为“**辩论**”(disputing)。

试着用新的视角再看一遍你从第 165 页的活动中发现的消极故事。这个事件或经历还有其他的解释吗？与消极信念辩论的方式有很多。

试一试

问自己以下问题：

1a. 你的消极解释或信念的证据是什么？

1b. 你能想到什么相反的证据来证明这不是真的？

想到支持你的消极解释的证据很容易，但想到支持相反解释的证据很难。坚持想下去，如果有需要，可以找位朋友或同事来帮助你。

2. 头脑风暴，给出关于这一事件或经历尽可能多的、其
他的乐观解释。为自己设定一个挑战，想出 3 个、5 个甚至
10 个解释。它或许可以帮助你从外部的、暂时的和特定的归
因方式来思考。不要让自己走偏，去思考这些解释为什么不 179
是真的！同样，有困难就向朋友或同事求助。

3. 现在想想消极事件或经历的影响。首先找出并描述可能发生的最坏的结果。问问自己，它发生的可能性有多大。其次，找出并描述可能发生的最好的事。最后，问问自己最可能发生的事是什么。通过从各个角度来看待问题，你能对问题作出更接近现实的解释。

在这一点上，值得强调的是你需要运用自己的常识，因为有些情况永远都不应使用乐观思维。如果最坏的可能性真的是一场灾难，不要忽视它！例如，不要对你车上需要修理的刹车装置保持乐观。

4. 现在，考虑一下第二步与第三步中的哪一种解释或信念对你最有用，可以让你维持动力，实现你的目标，创造和保持好的心情。

反思一下对消极事件的另一种更乐观的解释是如何让你充满活力，感到更加乐观的。

5. 塞利格曼提出了从消极地思考向积极、准确地思考转
180 变的切实可行的最后一步，即制定一个专注于改善现状的行动计划。他认为，为了避免无助感，重新掌控局面至关重要。

完成上述 5 个步骤后，再花 10 分钟时间制定一个行动计划，记录在你的幸福日记中。

乐观总是好事，悲观总是坏事吗？

研究发现，有一种悲观主义者不会从“学习如何以乐观和积极的方式思考”中获益。这种人被称为“防御性悲观主义者”(defensive pessimist)。防御性悲观主义者把“事情会变糟”的预期作为一种应对机制：当他们可以去想象可能发生的不顺并保持低预期时，他们会表现得更好。防御性悲观主义有助于焦虑的人控制他们的焦虑。与你想象的相反，试图保持乐观实际上会使他们表现得更差！

重要知识点 181

- 乐观会带来很多生理和情感上的好处。
- 学习乐观事关学习灵活和准确地思考。
- 悲观主义者可以学会变得更加乐观，如挑战消极的思维方式。
- 你可以通过学习变得乐观，从而降低抑郁的风险。
- 挑战消极思维时，如果可能发生的最糟糕的事是一场灾难，不要忽视它。
- 防御性悲观主义者最好还是继续作最坏的打算，因为这能帮助他们控制焦虑。

183

18. 体育锻炼

不锻炼就像服用致郁药物。

——泰勒·本–沙哈尔（Tal Ben-Shahar）

我们中的许多人在离开学校后就放弃了定期体育锻炼的习惯。除非我们正在努力减肥，否则我们很少再想起它。尽管自古以来人们就认为健康的头脑与健康的身体之间存在联系，但体育锻炼对心理健康的益处常常遭到忽视。如今，科学家对身心健康之间的关系的研究兴趣日益浓厚，实证证据表明经常锻炼对心理健康有很多益处。

有关这一话题的最著名研究或许当属运动与抑郁的关系研究。这类研究中的被试都患有抑郁症，他们被分为三组。第一组服用抗抑郁药物，第二组做有氧运动，第三组服用抗抑郁药物并做有氧运动。

4 个月后，大多数被试的抑郁症状都得到了改善。但真正
184 令人惊讶的是，10 个月后，抗抑郁药物组 38% 的被试和联合

组（抗抑郁药物加上运动）31% 的被试抑郁症复发，而有氧运动组只有 9% 的被试如此。这些结果表明，体育锻炼是对抗某些精神疾病并保持良好心理健康的有效方法。

实用小贴士

• 理想的情况是，锻炼的内容有趣和多样化，以保持你的动力——隔几天按同样的路线慢跑很快就会变得单调乏味，你的动力也会直线下降。

• 找到你喜欢的不同形式的锻炼方式，并尝试轮流进行不同的锻炼。

• 考虑混合个人的、双人的和团队的运动——游泳、慢跑、骑自行车和跳舞都既可以单独进行，也可以与朋友、团队一起进行。

• 上网看看附近有哪些本地的俱乐部。如果你的自我控制能力不强，成为团队的一员可以帮助你增加投入和动力。

• 跳出思维的框架。每天和狗狗快速散步 30 分钟，与正式的锻炼计划一样好。经常和孩子在公园里踢足球也是如此。你不必选择传统的运动形式，如游泳或壁球。任何能让你心跳加速的东西，如尊巴舞、跳绳、滑雪，都能提高你的身体素质。

185 体育锻炼的好处

显然，缺乏锻炼是肥胖症在世界各地流行的一个因素。伴随肥胖而来的还有很多身体健康问题以及情绪低落。

一项英国政府2007年委托开展的研究预测，如果不采取行动，到2050年时，60%的男性、50%的女性和25%的儿童将处于肥胖状态。运动对心脏健康、降低高血压发病率、保持健康的体重、发展强壮的骨骼和肌肉都很重要。最近的研究表明，有氧运动有助于大脑产生新的脑细胞（神经新生）。当人们有情绪问题时，这些脑细胞会萎缩。老年人也是如此，最近的一项研究表明，锻炼和体育活动可以改善个体晚年的心理健康状况。

2005年，伊利诺伊大学（University of Illinois）的一个研究小组发现，积极锻炼的老年人（平均年龄67岁）比那些不运动的老年人拥有更活跃的大脑、更强的思维能力和更好的记忆力。研究人员将一些老年人分成两组，一组参加有氧运动，另一组不参加。他们发现，与不锻炼的老年人相比，锻炼的老年人的大脑密度增加了。

186 除了帮助产生新的脑细胞，体育锻炼还能在其他方面帮助我们吗？心理学研究表明，体育锻炼还与下列益处有关：

- 改善自我形象、自尊和自我认知。
- 改善睡眠模式。
- 减少情绪困扰，提升幸福感。
- 减少抑郁。
- 减轻压力。
- 提高整体健康水平。

在一项研究中，每天进行 5 分钟的轻度阻力训练（如使用空气阻力设备进行膝关节伸展和弯曲），会提升办公室职员的主观身体健康。此外，有证据表明，随着时间的推移，体育锻炼会变得愈加有益，并增强积极的感受，从而带来更好的心理健康状况。

与体育锻炼相关的诸多好处意味着，在讨论心理健康和幸福感时，不能忽略这些好处。如果你在业余时间什么都不做，至少花一部分时间参与体育锻炼。如果你不了解体育锻炼，首先要和你的全科医生确认一下你的健康状况。

隐形的好处？ 187

那么，在我们得知自己最终会感觉好得多的时候，我们为什么依然害怕穿上跑鞋或泳衣呢？研究表明，人们明显低估了他们享受良好锻炼的程度。不同的运动看起来并没什么差别——这项研究考察了个人和团队的活动，包括瑜伽、普拉提、有氧运动和负重训练。我们未能准确预测到我们会产生积极情绪的原因在于，我们更多地关注运动的初始阶段，与中间或结尾阶段相比，它通常更不愉快。

试一试

为克服这一障碍，同时提高锻炼的意愿，研究人员提出了几种提升快乐预期的方法。第一种方法是增加锻炼开始时的积极性。如果你的锻炼计划中包含一系列不同的运动，那么先做你最喜欢的。另一种使你的锻炼计划更愉快的方法是，在开始运动时播放你最喜欢的音乐。第三个建议是将你的注意集中于中间和休息间隔时感受到的享受与满足，以抵消开始时不愉快的情绪。

188 增强你的意志力

在这一点上值得一提的是，涉及体育锻炼时，一点点自律会大有裨益。请记住，我们在第 2 部分讨论了自我控制的重要性。

如果你是那种不穿运动服，只为追求时尚穿运动鞋的人，你或许有兴趣了解这一点，即意志力有点像肌肉，不仅会经由练习变得更强壮，还会被过度使用！

因此，如果你是刚开始进行有规律的体育锻炼，担心自我控制能力不像能量饮料那般持久，“少量多次”似乎是开启锻炼的最佳方式。设立一个运动目标，包含可执行的小步骤，不去设定太高的门槛，这样一来，在你走路、游泳或跳舞的时候，你的意志力和肌肉力量都会得到增强，从而收获幸福感。

自我控制——物超所值

自我控制还有一个有趣的特点与此相关，那就是在生活的某个领域发展的自我控制能力可以帮助你提高其他领域的自我控制能力。在一项研究中，被试参与了为期 2 个月的体
育锻炼计划（包括举重、阻力训练和有氧运动），他们在减少 189
吸烟、饮酒、摄入咖啡因与垃圾食品、冲动消费和看电视上都做得更成功，他们吃得更健康，更爱学习，甚至洗了更多的餐具。虽然进行更多的体育锻炼可以解释健康饮食和生活

方式的改变，但此前没有人认为这也会让你成为家庭美德的典范！研究人员通过这个实验发现，提高自我控制能力能够使生活的各个方面受益。

因此，这是建立可行的锻炼计划并坚持下去的另一个好理由！

行动起来

走路、跑步、游泳和骑自行车是最便宜的四种运动。它们也很容易安排，通常情况下，你可以在任何时候进行这些活动。你可以独自享受它们，也可以与你的伴侣或队友们一道。与所有的日常锻炼一样，如果你超重，有疾病史，或者处于术后恢复期，那就应该先咨询你的全科医生。

步行是一种很好的“起步”活动，适合刚开始锻炼，需要提高初始身体素质的人。散步的负担小，但“快速健
190 走”可以提供一些有氧运动，改善你的心肺功能，并在15—20分钟内燃烧100卡路里。步行可以轻松融入你的日常生活，无论是走去报刊亭，送孩子去学校，还是遛狗。如果你通常乘坐公共交通工具上班，可以提前一两站下车，然后走完剩下的路。如果你在办公室工作，可以选择爬楼梯而不是

乘电梯。你还可以试着在午休时间安排一次轻松愉快的散步。

跑步（慢跑）是另一种简单且相对便利的有氧运动，不过跑步专家建议你买一双好点儿的跑鞋，从热身开始，如跑步前快走一段路。如果你以前从来没有跑过步，目标可以设定为每次跑 10 分钟，中间穿插快步走。根据速度和地形，跑步每小时燃烧 300—600 卡路里。如果你很容易感到无聊，可以与伴侣一起跑步，这样你们就可以边跑边聊天；你也可以带上 iPod，边跑边听你最喜欢的音乐或播客。

游泳是一种很好的锻炼方式，因为它的负面影响很小，不会对你的关节造成任何压力，同时也能让你的整个身体充满活力。如果你游得足够快，它也能提供良好的有氧运动，
帮助你每小时燃烧 300—500 卡路里。游泳的一大好处是，你 191
可以按照自己的速度游。试着快速游几个来回，然后再以悠闲的速度游几个来回。记录你每次游泳的距离，并以增加距离为目标，或保持距离并游得更快。许多市政游泳池在非高峰期提供折扣，因此这不一定是一笔昂贵的支出。为什么不看看你的同事是否喜欢在午休时去玩水呢？即使是游 30 分钟，也能让你精神焕发，充满活力。

骑自行车与游泳一样，不会对关节造成压力，对关节有

问题的人来说是一种很好的锻炼方式。快速骑行会让你呼吸沉重，但不会喘不过气来。骑自行车每小时燃烧 300—500 卡路里，也是减肥的好方法。骑车定期往返于商店之间进行小量购买，而不是每周去超市进行一次大采购。你甚至可以骑车上下班。自行车工作制（Bike 2 Work scheme）能够让员工以较低的价格购买自行车和骑行设备。为什么不说服你的雇主加入呢？许多城镇都有自行车俱乐部，它们定期举行不同距离的周末出游。看看你的所在地是否有这样的俱乐部，如果没有，为什么不自己创建一个呢？

192 记录你的锻炼进度和时间，最重要的是，在幸福日记里记录你锻炼后的感觉有多好。这有助于提升你的动力。

重要知识点

- 体育锻炼是一种可以在短期内改善情绪，并在长期内改善幸福感的非常有效的方法。
- 即使不是完全免费，锻炼也很便宜。
- 锻炼对身心健康的益处非常广泛，包括增强自尊、改善睡眠、提升大脑功能、减少压力和抑郁。
- 你可以通过关注你在锻炼期间和锻炼后的良好感觉，

而不是你在锻炼初期的感觉，来提高锻炼意愿。

- 与朋友或团队成员一起锻炼可以增加你的投入度，减少你在困难时期退出的可能。

- 你也可以通过锻炼来提高和扩展意志力。

193

19. 心理韧性

我们最伟大的荣耀不在于从不跌倒，而在于每次跌倒后都爬起来继续向前。

——孔子 ①

正如我此前提到的，积极心理学有时会因聚焦于积极的方面而受到批评。人们错误地认为这意味着积极心理学从不考虑消极因素，当然事实并非如此。我们都知道，生活有它的低谷，有它的起起落落，若非如此就不太现实了。

我们所有人在某些时候都必须处理负面的事件或经历。但为什么有些人会在不幸中幸存下来，变得更强大，甚至在挑战中茁壮成长，而另一些人却在最微小的挫折中崩溃？有

① 疑似原作者引用错误，这句话似最早见于 18 世纪爱尔兰作家奥利弗·戈尔德史密斯（Oliver Goldsmith）的作品集《世界公民》(*The Citizen of the World*)。作者在书中谈到了孔子，但该句看上去并非引用孔子的话，而是借孔子抒怀。——译者注

没有一种方法可以提高我们管理、处理和克服意外阻碍的能力，无论是小失望还是大危机？

发展心理韧性是积极心理学的关键因素，因为它有益于你的幸福和你获得良好生活的能力。接下来，我们将探索心理韧性背后的一些证据，并尝试一些已被证明有效的技术。因此，如果你想了解如何减少挫折带来的问题以及它们的影 194
响，或者让挫折更容易克服，请继续读下去。

当我们谈到心理韧性时，我们指的是面对困难时继续前进的能力，从逆境中恢复过来的能力，以及更有效地管理消极情绪而不是任由它把自己拖进恶性循环的能力。我们通常认为，心理韧性是一种人格特质，有些人天生具有这种人格特质，而有些人并非如此。然而，你可能会感兴趣的是，越来越多的科学证据表明，心理韧性是一种可以学习的技能。例如，我培训教师和其他与儿童和青少年打交道的人使用的屡获殊荣的“‘重振旗鼓！’儿童福祉与心理韧性”计划（学前班到八年级）（有关这一计划的更多信息，请参阅“资源”部分）。在美国，陆军正在接受“士兵全面健康”计划的心理韧性技术培训，该计划以“坚强的头脑、强壮的身体”为战略核心。我们都希望士兵能被训练到身体健康的巅峰状态，既然如此，为什么不把心理健康也训练到顶峰呢？

心理韧性的好处

有趣的是，心理韧性对你的心理和生理健康都有直接的好处。富有韧性的人：

195 • 更有可能认为挑战和挫折是可控的。

• 有更好的情绪稳定性。

• 应对主要压力源和日常琐事的能力更强。

• 对生活有更大的热情和能量。

• 对新体验充满好奇并持有开放的心态。

• 擅长让别人也有良好的感觉（这对建立人际关系很有好处）。

此外，心理韧性有助于平衡压力对身体的生理影响。想象一下，有人告诉你，你必须做一个几乎没有时间准备的公开演讲，而且你的表现会被打分。在这种情况下，即使我们能设法维持表面上的平静，大多数人的内心也会感到有很大的压力，心率和血压会飙升。在实验室的实验条件下，心理韧性好的人的心率和血压在这种情况下会更快地恢复正常。换句话说，心理韧性有助于抵消消极情绪和压力带来的影响。

研究人员还指出，在生活的某个领域（如工作）表现得有心理韧性，对另一个领域（如人际关系）也会有所帮助。

那么，你能做些什么来提高你的心理韧性，让你在经历 196
失望或挫折后重新走上复苏之路呢？我们常常忘记，我们已拥有丰富的经验可以依赖。在我们生活的某个阶段，我们都会经历不同程度的挫折、否定和挑战，因此反思我们当时做了什么使生活回归正常会非常有用。以这种方式思考有助于强化我们已经拥有的可以支配的资源——无论是我们自己的内在特点和特征，如创造力或坚持，还是外部资源，如家人和朋友的支持。

试一试

生存策略

花 5—10 分钟反思此前的生活，你已经成功克服哪些挑战或失望？也许你经历过被拒绝，被解雇，或者在一次重要的考试中失利。这些事件中的任何一件都可能成为了解自身心理韧性和复原方式的沃土。选择其中一个事件。在你的幸福日记中：

- 简要描述发生了什么——事实。

- 你如何应对——你做了什么事情帮助你控制了当时的消极情绪，并使你能成功地东山再起。你利用了哪些优势？使用了哪些应对机制？向谁寻求了帮助？
- 197 你当时的感受，以及你现在对它的感受如何？
- 你认为自己当前的心理韧性水平如何？

注意，在这个练习中，只关注你已经成功克服的消极事件或经历是很重要的。不要选择任何让你感到矛盾的事，或者那些让你感到陌生的、没有解决的事。

亲爱的日记

心理学研究还表明，那些写下自己最糟糕的生活经历的人，比起那些只对自己的经历进行内化思考的人，会有更好的身心健康，如更高的生活满意度和健康水平。这可能是因为写作要求你更仔细地构建和组织你的思绪，让你处理伴随生活事件而来的消极情绪，而仅作思考时可能更随意，有可能导致消极的思维。

心理韧性的3D：分散注意、保持距离和辩论

另外三种建立心理韧性的实用窍门是“3D”：分散注意

（distraction）、保持距离（distancing）和辩论（disputation）。我们已经在第 17 部分深入讨论了辩论——你现在不妨回忆 198
一下。

分散注意指在内心的消极声音得到真正控制之前，迅速做一些事来平息它。正如第 17 部分提到的，我们诠释自身经历的方式决定了我们是乐观主义者还是悲观主义者。不好的事情发生时，悲观主义者会用一种“我，总是，所有”的方式来解释。分散注意的技巧，如将注意集中于一个外在的物理对象（手中的笔或墙上的画），然后大声告诉自己“停止”，能在这些消极思维模式包围并压倒你之前打断它们。一旦你开始思考消极的情况，就需要有坚强的意志来阻止自己，因此尽早分散注意是关键。

然而，这些简单的干扰并不足以让你完全恢复镇静，你内心的消极声音可能会再次出现。如果是这样，给自己一点时间，做些事情来改变你的情绪。你可以用很多方式来分散自己的注意，如社交、沉浸在自己最喜欢的爱好里、遛狗或者泡茶。之后，你可能会感到更有能力去客观地看待失望。

保持距离也有助于提高你的心理韧性。保持距离意味着 199
提醒自己，你诠释周围发生的事情的方式仅仅是一种解释，未必是事实。

正如科学家和哲学家阿尔弗雷德·科日布斯基（Alfred Korzybski）曾说："地图不是领土。"这意味着，我们理解的现实与真实的现实是不同的——其他人或许有其他的解释，这些解释可能与我们的解释一样有效，甚至更有效。记住这一点可以让你从被拒绝、失望或挫折中解脱出来。

你也可以试着问自己一些问题，例如：

• 这些负面事件或经历在 5 小时 /5 天 /5 周 /5 年之后还会有影响吗？

• 此时此刻，谁的状况比我更糟糕？

• 还会发生什么比这更糟糕的事呢？

• 我的生活中有什么（如家庭、朋友、事业、健康等）不会受到这件事的影响？

• 我还能如何更积极地解释这种情况呢？

另一个保持距离的技巧是，想想那些你尊重的、在困难时刻保持头脑冷静的、沉着的人，想象他们在同样的情况下
200 会作出怎样的反应。如果他们在你的处境下，他们的所说、所感和所做会有何不同？

辩论包括寻找支持和反对你的消极信念或解释的证据，

然后寻找其他的、同样有效的或者更有效的解释。辩论的详细过程在第 17 部分已有讨论。

有些人发现把一页纸分成两栏，分别写下支持和反对的证据会有所帮助：一边是他们的消极解释，另一边是各种积极的新解释。不妨立刻在你的幸福日记中试试看。

如果你不能决定更应该相信积极解释还是消极解释，临床心理学家阿兰・卡尔（Alan Carr）建议你问问自己：在恢复积极情绪和实现目标上，哪种解释或信念对你而言更有用。

关上的门，打开的门

当一扇门关上时，另一扇门就会打开。我们常常望着那关闭的门扉，看得那么久，那么悔恨，以至于看不见那扇为我们打开的门。

——亚历山大・格雷厄姆・贝尔（Alexander Graham Bell）

当消极事件发生时，我们常常会被悔恨和失望之情淹没， 201
对随后出现的其他机会视而不见。这里的诀窍是要控制住我们的消极情绪，以防它们溢出，变得更强烈，把我们拖进一个恶性循环。然后，尝试把这个“问题”视为一个需要克服的挑战，心理学家称此为“积极心态”。有心理韧性的人更善于发现或注意“打开的门”。

心理学家塔伊布·拉希德（Tayyab Rashid）建议，人们应该花时间去寻找那些因其他门的关闭而打开的门。

试一试

回想你生命中的某个时刻，你经历了一次巨大的失落（可以是你在“生存策略”活动中使用过的相同事件或经历，也可以是另一些事情）。想一想这扇门关闭后出现了什么新机遇。在你的幸福日记中回答下列问题：

- 你花了多长时间才看到新机遇？
- 如果有的话，是什么阻碍你看到新机遇？
- 你能做些什么来提高发现新机遇的能力？
- 最后，回顾一下克服这些消极事件或经历如何使你的生活变得更好。

202 **案例研究**

卡丽（Carrie）在一家中型工程公司当了11年的中层管理者。她非常喜欢自己的工作，也无意离开。但失去一系列的客户让该公司不得不寻找节约成本的办法，不得不裁掉卡丽和另外20人。起初，这是一个沉重的打击。离开公司后，卡丽陷入了抑郁。有一天，她在牙医诊所的候诊室里偶然在杂志上读到一篇关于那些成功实现职业转型的女性的文章。在回家的路上，她注意到自己跳跃的脚步：这是她几个月来第一次感到如此充满希望。在接下来的几个星期里，受这篇文章的启发，她探索了教师培训，这是她大学毕业后曾考虑但并没有坚持下去的行业。两年后，卡丽刚刚完成了她第一学期的教学，她享受其间的每一分钟。“被裁员是我经历过的最糟糕的事情之一，”她说，“不过也是最好的事情之一。如果那时我没有失去我的管理工作，我不会成为现在的我：做一些教学实践，并在课程中成为一名科学老师。这表明黑暗背后总有一丝光明。”

重要知识点

- 心理韧性是一种可以学习的技巧。
- 有很多建立心理韧性的技巧可以选择，总有一款适合你。
- 心理韧性对你的身心健康有巨大的好处。

203 • 从逆境中回弹和恢复的关键在于改变你的解释风格。也就是说，调整悲观的想法和信念，从而使你的解释风格更加乐观。

• 与其他技能一样，心理韧性同样是熟能生巧！

20. 品味

生活的目的在于欣赏。

——G. K. 切斯特顿（G. K. Chesterton）

积极心理学中出现了很多欣赏。还记得吗，我们在第 8 部分研究了欣赏的三种不同含义，在第 12 部分深入探讨了感恩。

“**品味**”(savouring) 是一种更接地气的对“欣赏”的定义，它涵盖了“欣赏”一词的三种含义：对某物心存感恩；承认某物的品质；使其增值。用积极心理学的术语来说，品味就是真正地注意、欣赏和加强你生活中的积极体验。通过品味你会放慢速度，有意识地关注你所有的感觉 (触觉、味觉、视觉、听觉、嗅觉)。你延展了这段经历，专注于发现你真正喜欢的是什么，无论它是喝一杯冰镇香槟，还是满怀期待地从托儿所接回你的孩子，又或是为公司球队奉献帽子戏法的时刻。通过学习品味，你可以提高自己发现生活中美好一面的能力，更充分地欣赏它。

206 进化心理学认为，人类有一种内在的生存机制，叫作“消极偏见”。这意味着我们往往会在注意到生活中的好事之前，先注意到坏事（关于这一点，可参见第 2 部分）。学习消除消极偏见的技巧可以提升你的幸福感。品味就是这样一种策略。而且品味的形式多样，它们都能强化你拥有的积极体验，因此至少会有一种技巧适合你。

品味的方法

品味有许多不同的种类。让我们从这个简单的练习开始：你能想到的“品味”的同义词有哪些？把它们记录在你的幸福日记里。

你想到了以下任何一个吗？

- 享受
- 珍惜
- 珍藏
- 陶醉
- 沉浸
- 沉溺
- 惊叹
- 敬畏
- 愉悦

207 花 5 分钟思考一下：你从事哪些活动时会有沉溺或沉浸于某件事的感觉？你会珍惜什么？你会喜欢什么？当你读到这本书的时候，无论身在何处，请将注意转向当下：你当前的经历中有什么值得回味的吗？

　　心理学家弗雷德·布赖恩特（Fred Bryant）和约瑟夫·韦
洛夫（Joseph Veroff）是这一领域的顶尖专家，他们认为品味
包含上述所有同义词。

　　你会注意到，我们可以从第一个练习中找到许多不同的
方法从积极的日常经历中获取各种不同的快乐。例如，你可
以晒一个日光浴，泡一个香薰浴，陶醉于特殊的生日或圣诞
节庆典中，惊叹于灿烂的日落，或者珍藏一份珍贵的记忆。

　　品味并不是一件难事——以下是品味的方法……

试一试 ●●●

品味的五个简单步骤

1. 慢下来。

2. 将注意集中在你正在做的事情上。

3. 运用你所有的感官。

4. 延展体验。

5. 重温享受的感觉。重要的是记住品味是过程而不是结
果——它是我们做的事情，而不是我们获得的东西。

　　布赖恩特和韦洛夫认为，体验品味的方式多种多样：

- 你可以品尝当下的事情，如吃自己最喜欢的食物。
- 你可以品味过去的事情，如回忆快乐的童年或假期。
- 你可以品味未来的事情，如期待你的毕业典礼或孙子的诞生。

何不试试这三种方式呢？也许你会更喜欢某种类型的品味，那也很好。

告诉我更多！告诉我更多！

这是一个两人一组的练习。如果你的伴侣在家，让他/她加入你。如果在工作场合，你可以在午休时与一个同事一起进行，或者和一个好朋友通过电话进行。

每个人都拿出一张纸和一支铅笔，快速列出自己一生中最快乐的经历，可能有3—5件事。每个人选择一种可以轻
209 易与另一个人分享的快乐经历。轮流描述它的细节：你在哪里？发生了什么？你在做什么？还有谁在那里？是什么让它成为如此难忘、积极的经历？你当时感觉如何？现在回想起来感觉如何？告诉我更多！试着想象再次回到那里，享受追忆往事带来的美好回忆。

轮到你的伴侣时，你作为倾听者，要帮助他/她在复述故

事的过程中品味故事的每个方面，通过积极地倾听和提问凸显他们的积极记忆。

积极投入

这个练习非常简单——类似于“告诉我更多！”。不过，如果你愿意的话，可以自己一个人做这项练习。

想想未来的积极经历或事件——也许你周末要去约会，要去一个很期待的派对，或者好朋友要来拜访。

尽可能多地想象事件或经历的细节。你在哪里？穿什么衣服？还有谁会在那里？你会做什么？在你的脑海中尽可能清楚地勾勒这些图景。在你想象这段经历时，你注意到自己有什么积极的感觉：兴奋？好奇？快乐？充满爱意？花点时间享受这些积极情绪。

3ES 210

记得你还是个孩子时，好事发生时你会是多么兴奋、热情和富有感染力吗？也许“哇！”是你最喜欢的表达之一，又或者是“太棒了！”“太好了！”或“酷！！！”。

当我们长到十几岁，很多人丧失了用同样的激情积极地表达自己的能力。它变得不酷了。我们慢慢地忘记了如何做到这一点。因此，下一次你对某件事感觉很好时，为什么不把小心谨慎抛到脑后，兴奋雀跃起来呢？也许一开始你感觉这不像是自己，但只要稍加练习，你就能重拾孩提时的那种自然的奔放。这有时被称作“假装直到成功”（faking it till you make it）。有证据表明，向外部表达你的积极情绪可以强化它们，为什么不试试呢？

品尝风味！

正如我在第 13 部分、第 16 部分提到的，食物在你追求幸福和满足的过程中起到了重要作用。品味是一种欣赏，而吃喝是练习品味技巧的好方法。我们疲于奔命，边走边吃，随手抓点零食就走。我们希望自己不要总是那么匆忙，但不
211 去想我们该如何放慢脚步，除了梦想早日退休！

草莓、蓝莓等柔软的夏季水果或巧克力很适合这项活动，但你也可以选择品味任何你喜欢的食物。办法是尽可能慢地食用它，同时利用你所有的感官来延长积极的体验并从中获得最大的快乐。请确保坐下后能有至少 5 分钟不被打扰的时间：

- 首先，慢下来！拿起你的草莓，欣赏它：花点时间观察

它独特的颜色、形状和气味。注意它表面的小种子和茎的鲜绿。把所有感官完全集中在它上面。

• 草莓闻起来如何？是浓的还是淡的，是甜的还是辣的？闭上眼睛，呼吸芳香的气息。它唤起了什么愉快的回忆？也许是夏天慵懒的日子，或是漫长的童年假期。沉溺于这些记忆，享受参与的过程！

• 吃一小口草莓，注意用唇舌探索它的口感、味道。尽可能慢地咀嚼，留意释放出的无数味道，让它们在你的舌头上蔓延。享受它！

• 最后咽下去，想想你这样做的时候还有什么愉快的感觉。 212

• 重复一遍，这次更慢。

感觉如何？这与你平时的饮食方式有什么不同？——很有可能截然不同。

品味与正念（见第 13 部分）相似，但它是一个更狭窄的概念。正念进食的过程中，你会对外部和内部刺激保持完全的开放，而在品味食物时，你尤其关注愉悦的感觉。

如果你排除了其他干扰因素，那就更容易品味食物了。开车、看电视、听收音机、聊天或看书的时候都不要吃东西。专注于食物本身，闭上你的眼睛。你会注意到，当你品味它的时候，食物似乎更持久，你也会更享受它。

什么会破坏品味？

有几件事可能会彻底破坏你的品味体验，或者让你无法将品味付诸实践：

- 扫兴的想法，如考虑体验需要如何改进。
213 • 在当下急着分析为什么某次经历是积极的。
- 赶时间。

重要知识点

- 赶时间就很难进行品味，请慢慢来。
- 用心体验，动用你全部的感官——触觉、味觉、视觉、嗅觉、听觉。
- 不要试图弄清你是否或者为什么喜欢某件事。
- 你可以品味过去、现在和未来的事物。
- 你可以独自品味，也可以与他人分享体验。
- 品味是一个过程（你做了什么），而不是结果。
- 品味的方式多种多样，适合你的品味技巧至少会有一种。尝试一下吧！

21. 关于时间的积极心理学 215

人生总是计划赶不上变化。

——约翰·列侬（John Lennon）

我们的生活，尤其是在西方社会，总是被时间支配。仔细想想，日常生活中的哪些活动不注重时间？我打赌寥寥无几！在工作和家庭中，时间以及我们如何使用时间占据了中心位置，无论是 2 分钟的牙齿清洁、45 分钟的通勤、2 小时的会议、10 分钟的速食餐，还是快输球的 3 分钟加时赛。本章我们将探讨时间的两个不同方面——时间使用和时间观，以及它们对幸福感的重要性和相关性。

时间使用

缺少时间的感觉包围着我们。媒体信息不断提醒我们：我们有多忙，工作有多辛苦，空闲时间有多少，我们需要如何实现工作与生活的平衡。我们甚至没有足够的时间去质疑

216 这件事。然而研究表明，人们低估了自己一周中一半的空闲时间。根据约翰·鲁宾逊（John Robinson）和杰弗里·戈德比（Geoffrey Godbey）的研究，处于劳动年龄的美国人每周的空闲时间实际上与他们的工作时间一样多：约 35 小时。

想一想

你是否知道英国雇员一生中工作时间的总小时数从 12.4 万（1856 年）减少到 6.9 万（1981 年）？考虑到一段职业生涯的平均长度没有改变——依然是大约 40 年，这就更令人吃惊了。

研究表明，英国工人 1870 年时的年平均工作时间为 2 984 小时。到 1938 年时，这个数字减少到 2 267 小时；而 1987 年时，只有 1 557 小时。

与此同时，非工作时间的总小时数从 1856 年的 11.8 万小时增长到 1981 年的 28.7 万小时。非工作时间增长的部分原因是预期寿命的延长，即退休后的非工作时间增多。然而，这也意味着，尽管我们可能认为自己比任何时代的人都更加努力，但数据并不能佐证这一点。

可见，我们现在的闲暇时间大大超过历史上的任何时间点。我们现在要用多出来的时间做什么呢？我们在好好利用这些时间吗?

看到这些事实时，你可能会感到很奇怪，因为很多人认 217
为他们的工作时间比以往任何时候都长，而且休闲时间也少得多。为什么人们会低估自己每周的空闲时间呢？是什么让我们觉得自己比以前有更多的时间压力？积极心理学家博尼韦尔认为，其中一个原因可能是我们试图做太多事。我的朋友劳拉（Laura）就是一个很好的例子，她有两个学龄期的女儿。她不满足于只为她们安排一个课外兴趣班，她每天固定把她们送到两个，有时甚至是三个俱乐部！梅根（Megan）在星期三练习曲棍球，然后上额外的数学和小提琴课；苏菲（Sophie）去了艺术俱乐部，然后去唱诗班练习和游泳。博尼韦尔认为，参与这么多活动会让我们觉得时间紧迫，也会让我们觉得自己在被事情追着跑，即便我们实际上有比以往更多的自由时间可以支配。

试一试

估算你每周有多少空闲时间（不包括有偿或无偿的工作，以及睡觉、吃饭或照看孩子的时间）：每周____个小时。

218 现在，持续一周左右，每天在你的幸福日记上作一个简单的记录，写下你什么时间在做什么，精确到每个小时。

你从自己的空闲时间记录中发现了什么？空闲时间比你预计得多或少吗？如果这是非常典型的一周，你大部分的空闲时间都在做什么？你的空闲时间是提高还是降低了你的幸福感？如果是后者，你怎么做才能让它提高你的幸福感呢？

时间窃贼

看电视的趋势非常令人担忧。根据时间使用的研究，欧洲国家在 20 世纪 90 年代末的日平均电视观看时间是 2—2.75 小时，其中 20% 的人报告自己每天看电视超过 3 小时。电视评级机构自身的研究表明，人们把越来越多的空闲时间浪费在看电视上（欧洲人均每天约 3.5 小时，美国人均每天约 4.5 小时），而且这些数字似乎在不断增加。你可能会问，这有什么问题——毕竟这是一个自由的国家，没有人逼着我们坐在那里，一小时接一小时地看电视真人秀、肥皂剧或纪录片。
219 看电视既有趣又放松，在办公室辛苦工作了一天，花 3 小时瘫在沙发上也不算什么，不是吗？

心理学家认为，当我们懒散地在电视机前消磨夜晚的时候，我们实际上并没有作出理性的选择。我们能立即获得看电视带来的好处，如得到娱乐，而“代价”——睡眠不足或没有在人际交往中投入足够的时间等，在未来才会显现。我们还有自我控制能力的问题。到了紧要关头，尽管我们都承认——好吧，我们看电视的程度确实超出对我们有益的范围——我们往往仍对此无所作为！

但是看电视本身有什么问题吗？令人惊讶的是，它并没有带给我们很多快乐——看电视的快乐程度低于或接近平均水平。此外，尽管看电视似乎能让时间过得飞快，但看电视并不能让我们产生心流状态（见第 4 部分），从而提高我们的幸福感。同时，看很多电视的人更看重财富（可能是因为他们在小屏幕上看到了很多名人），对自己的经济状况更不满意，感觉更不安全，更不信任他人，认为自己与朋友的关系不如同龄人。每天 3.5 小时加起来就是每周 3 个工作日！浪费大量的空闲时间在一项没给我们带来多少乐趣的活动上，简直是天大的浪费。一定要把我们的时间花在其他更可能让我 220
们幸福的事情上！

你的空闲时间过得怎么样？

试一试

告诉自己，下次当你发现自己漫无目的地从一个频道切换到另一个频道时，应当关掉电视，把时间花在你最喜欢的爱好上，不管它是什么。

为了降低难度，你需要作一点准备。如果决定从电视前脱身，花1小时在烤蛋糕上，没有什么会比发现自己的橱柜里没有任何所需的材料更让你灰心丧气了，这很可能会使你坐回沙发，握紧遥控器不撒手。请提前安排起来。你的幸福是值得付出努力的！

时间观

如果你已经坚持一周左右的时间写日记，并且对自身空闲时间的分配作了一些调整，而你仍然觉得工作与生活失衡，该怎么办？怎么做才能不觉得时光飞逝，转而开始觉得自己又能掌控时间了呢？问题可能出在你的**时间观**（time perspective）。时间观指你是否活在或关注当下、过去或未来。

221 心理学家菲利普·津巴多（Philip Zimbardo）和博尼韦尔研究了时间观及其与幸福感之间的关系。你的时间观很重要，因为它对你的决策和你随后采取的行动有很大的影响。

有五种主要的时间观：

未来时间观：如果你有未来时间观，你就能延迟满足，朝着未来的回报努力。有未来时间观的人往往比其他人更容易成功。

当下积极时间观：如果你有当下积极时间观，你就会非常专注于享受当下的生活。你不太可能担心自身行为的后果。

当下消极时间观：当下消极时间观的特点是一种绝望感。你相信你的生活由外界力量而不是你自己控制。

过去积极时间观：如果你有过去积极时间观，你会从回顾你的生活和回忆中得到很多快乐。你喜欢保持家庭传统。

过去消极时间观：你更专注于生活中本应去做的事，你 222
可能会有很多遗憾。

你拥有哪种时间观？你认为哪种时间观更有可能带来更高的幸福感？

研究表明，对幸福最有益的是过去积极时间观，但津巴多和博尼韦尔选择了他们所称的“平衡时间观”(balanced time perspective)。这意味着你从过去、现在和未来的时间观中选择一个最好的，而不是盲目追随其中某一个。

试一试

你喜欢哪种时间观?

你可以登录津巴多的网站，花点时间完成《津巴多时间观量表》(Zimbardo Time Perspective Inventory)，将你的结果与“最理想”(“最平衡”)的时间观进行比较。

拥有平衡时间观的好处

研究人员发现拥有平衡时间观的人:

- 更快乐。
- 对生活更满意。
- 体验到更多的积极情绪。
- 223 对生活目标有较强的使命感。
- 更高效。
- 更乐观。

试一试

对时间观的思考

花10—15分钟思考一下《津巴多时间观量表》的结果，然后回答以下问题:

- 你认可自己在《津巴多时间观量表》中的评分吗？
- 你有一个主导的时间观，还是多种时间观的混合？
- 在你生活中占主导地位的时间观或时间观组合是如何出现的？
- 在你生活中占主导地位的时间观或时间观组合对你有用吗？

拥有更平衡的时间观的关键在于能够采用最适合你的处境的时间观。了解各种时间观是一个很好的起点。如果你有一个或两个占主导地位的时间观，你可以练习在它们之间切换。

例如，在工作或学习时保持未来时间观通常是有用的，但在回家后或休假时仍将注意集中于未来，就可能会令你感觉不安和焦虑。为最大程度地享受你的家庭和空闲时间，采用当下时间观会更有帮助。

如果你的未来时间观占主导地位，下次与家人和朋友在一起时，不妨停下手头的工作，把你的全部注意集中在他们身上。正念练习（见第 13 部分）可以帮助你建立一个更关注当下的积极时间观。

如果你的当下积极时间观占主导地位，那就试着坐下来 224

花20—30分钟制定一些长期计划，可参见第15部分关于目标设定的内容。

如果你的过去积极时间观得分不高，给老朋友打个电话或者浏览一下假期的照片。

为了创建一个更平衡的时间观，你需要练习从一个时间观切换到另一个时间观，以便采用最适合所处情境的那个时间观。

重要知识点

- 尽管我们经常感到时间紧迫，但平均而言，我们的工作时间比历史上任何时候都少，空闲时间也比以往任何时候都多。
- 每个欧洲人平均每周有21小时的宝贵休闲时间在电视机前度过。
- 你的时间观——你思考和理解生活中的时间的方式——对你的幸福至关重要。
- 平衡时间观最有利于健康。
- 你可以学着建立一种更平衡的时间观。

22. 接下来是什么？ 225

现在我们来到本书的最后一部分。我希望这本书能让你了解你正在探寻的积极心理学世界，鼓励你做一些推荐的练习和活动来提高幸福感，甚至激发你去发现有关这一主题的更多内容。如果是这样，“资源”部分列出了关于积极心理学的主要机构和书籍。请记住，随着这一领域变得越来越重要，关于这一主题的新研究和著作会始终持续地发表和出版。

本书旨在涵盖积极心理学、人类幸福的科学中最重要的主题和理论，以及概述一些你可以在自己的生活中尝试实际应用的方法。说到幸福，光靠理论是不够的。这些活动之所以在书中有如此重要的作用，是因为有研究证据表明，我们40% 的幸福来自我们所做的事和我们每天所作的选择。这是个非常好的消息。这意味着我们每个人都可以做一些事来改
善自己的幸福水平。因此，如果你对尝试书中提及的活动抱 226
有疑虑，我建议你再考虑一下。你也要记得，处在舒适区之外的那种感觉有时是件好事，它表明你正在学习新的东西！

值得重申的还有一点，即有些练习和活动可能不适合你，但这也没关系，继续做对你有用的练习和活动。尽管这本书基于科学的研究发现，但我们每个人都是独一无二的，在实验条件下适合一个人的方法可能不适合另一个人。这是个人选择和好恶的问题。我的建议是，在决定是否继续进行长期练习之前，至少要尝试几次所有的活动。

在本书的开头，我建议你开展一个小的研究项目，你自己是参与实验的被试，使用经过科学验证的幸福感问卷评估你的幸福水平，然后做一些我在书中描述的练习和活动。我也建议你准备一本幸福日记，记录你选择的活动，以及你的进步和任何反思或观察。增强自我意识是提高幸福感的巨大优势，发现更多关于你自己和你对生活事件与经历的反应非常有用。

227 既然你已经读到本书的结尾，你可能会考虑重新评估你的幸福水平，不妨用你在开始阅读时使用的问卷，看看你的幸福水平有了怎样的改善。在思考你的幸福感时，有两点需要记住。

要记住的第一点是，充满极乐、狂喜、兴高采烈等高涨的积极情绪的生活是不存在的。我们所有人在某些时候都不得不忍受失望和挫折，以及对失去的悲伤或对不公的愤怒。接受生活中确实存在不可避免的起伏是向前迈出的一大步，积极心理学背后的研究可以帮助我们充分利用这些人生起伏，降低低谷对情绪的影响。要记住的第二点是，你经历的暂时的变化很可能是相对短的心境和情绪的改善。个人的长期改变，如减少悲观的看法，增加乐观的看法，需要持续的动力、自我控制和努力。积极心理学学科传达的关键信息非常明确——持久提升你的幸福水平意味着你每天要用不同的方式处理生活中的琐事。

本书为你提供了基本的积极心理学理论和概念，以及大量你可以尝试的有趣活动。现在轮到你了。你今天要做哪些事来帮助提升自己长期的幸福水平呢？

资 源

在这一部分，你可以了解一些积极心理学的机构和其他关于幸福的信息。

机构、课程、刊物与应用

作者的个人网站

你可以登录我的网站，那里有更多关于积极心理学的实用信息，包括：

• 本书中的所有参考文献，以及进一步了解积极心理学的阅读建议。

• 为期两天的积极心理学大师班的详细信息。你可以在其中学习将积极心理学应用于个人发展和职业发展的方法。

• 屡获殊荣的学校心理韧性和幸福培训的详细信息，以及其他基于积极心理学的工作坊和咨询。

• 定期更新的应用积极心理学博客。

应用积极心理学国际硕士项目

新版应用积极心理学国际硕士（International Masters in Applied Positive Psychology）项目在剑桥的安格利亚鲁斯金大学（Anglia Ruskin University）和巴黎的外交与战略研究中心（Centre d'Études Diplomatiques et Stratégiques）开办。

幸福行动

幸福行动是青年基金会（Young Foundation）于 2011 年发起的一项创造积极社会变化的运动。它的官网包含很多有用的资源，如"幸福生活的 10 个要素"，来自积极心理学和幸福领域的不同科学家与研究人员的视频，以及由加入了幸福行动的公众人士发布的对他们有用的东西的帖子。幸福行动可以自由加入。

宾夕法尼亚大学积极心理学中心

宾夕法尼亚大学积极心理学中心（University of Pennsylvania's Positive Psychology Center）由马丁·塞利格曼创建，中心网站上提供了很多有用的积极心理学研究、倡议和问卷，如《优势行动价值问卷》(见第 9 部分)、《生活满意度量表》和

《积极和消极情绪量表》。你必须注册才能使用这些量表，但别担心，数据只会用于学术研究。

信心与幸福中心

信心与幸福中心（Centre for Confidence and Well-being）是一个非营利组织，成立于 2005 年，旨在提高苏格兰人民的幸福水平。该网站提供了很多关于积极心理学关键主题的信息和研究，如幸福、乐观、心理韧性和思维模式。该中心的首席执行官卡罗尔·克雷格（Carol Craig）定期在博客上分享一些与积极心理学主题相关的内容。

国际积极心理学协会

国际积极心理学协会（International Positive Psychology Association）有三个方面的任务：

• 推广积极心理学及其基于研究的应用。

• 促进在世界各地的研究人员、教师、学生和积极心理学实践者跨学术领域的合作。

• 与尽可能广泛的受众分享积极心理学的发现。

国际积极心理学协会的成员包括研究人员、学生、积极心理学的实践者以及对这一领域感兴趣的公众。会员福利包括更低的参会费用和心理学期刊。

《积极心理学日报》

《积极心理学日报》(*Positive Psychology News Daily*)是世界上第一本关于积极心理学的在线新闻杂志。它的作者主要来自美国宾夕法尼亚州各所大学和东伦敦大学应用积极心理学项目硕士研究生，偶尔也有客座作者的文章。主题包括最新的积极心理学研究、书籍、会议评论和时事内容。读者可以在发表的文章下留下自己的评论。

新经济基金会

新经济基金会(New Economics Foundation)(“经济学就像人类和地球一样重要”)是英国独立智库机构，旨在通过挑战经济、环境和社会问题的主流思想来提高生活质量。其国民幸福指数非常出色。新经济基金会利用源自22个欧洲国家的幸福调查的综合数据，构建了有史以来第一套国家幸福指数，对传统基于GDP衡量成功和社会进步的方法提出了挑战。

应用积极心理学中心

应用积极心理学中心（Centre for Applied Positive Psychology）由亚历克斯·林利在 2005 年成立。它侧重于为组织提供基于优势的咨询。你还可以在该网站上找到一个在线 R2 优势评估工具（见第 9 部分）。

在线优势测评网站

这个英国网站的在线优势测评曾在第 9 部分提及。你可以在这个网站找到大量关于优势测评的信息，包括关于它的有效性和可靠性的技术数据。

《国际幸福杂志》

《国际幸福杂志》（*The International Journal of Well-being*）是一份少见的开源学术期刊，旨在促进关于幸福的跨学科研究。《国际幸福杂志》由新西兰开放理工学院（Open Polytechnic of New Zealand）赞助。文章主题包括幸福与信任、公共政策、品味、目标、生活满意度和“幸福生产者”（felicitators，生产幸福的人）。除文章之外，《国际幸福杂志》还包含专家见解和书评。

优势行动价值网站

这是非营利性的优势行动价值测量网站，你可以在其中找到免费的优势测评工具。

今天过得如何

今天过得如何（How’s Your Day）是一款应用程序。它能帮助你跟踪自己的幸福感，并为你提供基于实证的建议来提高幸福感。

美国凯斯西储大学主办的欣赏型探究共享门户

登录美国凯斯西储大学（Case Western Reserve University）主办的欣赏型探究共享门户可以了解更多与欣赏型探究相关的信息、观点和资源。

东伦敦大学应用积极心理学及教练心理学硕士课程

东伦敦大学应用积极心理学及教练心理学硕士课程（University of East London’s MSc in Applied Positive Psychology and Coaching Psychology programme）是英国首个此类硕士项目。你可以通过学习获得积极心理学和教练心理学的证书、

参考文献

Akbaraly, T. N., Brunner, E. J., Ferrie, J. E., Marmot, M. G., Kivimaki, M., & Singh-Manoux, A. (2009). Dietary pattern and depressive symptoms in middle age. *British Journal of Psychiatry, 195* (5), 408–413.

Babyak, M., Blumenthal, J. A., Herman, S., Khatri, P., Doraiswamy, M., Moore, K., et al. (2000). Exercise treatment for major depression: Maintenance of therapeutic benefit at 10 months. *Psychosomatic Medicine, 62* (5), 633–638.

Broadway, J. M., Redick, T. S., & Engle, R. W. (2010). Working memory capacity: Self-control is (in) the goal. In R. R. Hassin, K. N. Ochsner, & Y. Tropé (Eds.), *Self-control in Society, Mind, and Brain*. Oxford University Press.

Brown, N. J., Sokal, A. D., & Friedman, H. L. (2013). The complex dynamics of wishful thinking: The critical positivity ratio. *American Psychologist, 68* (9), 801–813.

Diener, E., & Seligman, M. (2002). Very happy people. *Psychological Science, 13* (1), 81–84.

Dutton, J. E., Debebe, G., & Wrzesniewski, A. (1996). *The re-valuing of devalued work: The importance of relationships for hospital cleaning staff.*

Paper presented at the Annual Meeting of the Academy of Management, Cincinnati.

Elliot, A. J., & Sheldon, K. M. (1997). Avoidance achievement motivation: A personal goals analysis. *Journal of Personality and Social Psychology, 73*, 171–185.

Fredrickson, B. L. (2009). *Positivity*. Crown.

Gable, S. L., Reis, H. T., Impett, E. A., & Asher, E. R. (2004). What do you do when things go right? The intrapersonal and interpersonal benefits of sharing positive events. *Journal of Personality and Social Psychology, 87* (2), 228–245.

Huta, V., Park, N., Peterson, C., & Seligman, M. (2003). Pursuing pleasure versus eudaimonia: Which leads to greater satisfaction? Poster presented at the 2nd International Positive Psychology Summit, Washington DC, USA. Cited in Boniwell, I. (2008). *Positive Psychology in a Nutshell* (second edition). PWBC.

Iyengar, S. S., & Lepper, M. R. (2000). When choice is demotivating: Can one desire too much of a good thing? *Journal of Personality and Social Psychology, 79* (6), 995–1006.

James, O. (2009). *Affluenza*. Random House.

Kashdan, T. B., & McKnight, P. E. (2009). Origins of purpose in life: Refining our understanding of a life well lived. *Psihologijske Teme, 18* (2), 303–316.

Lambert, N. M., Graham, S. M., Fincham, F. D., & Stillman, T. F. (2009). A changed perspective: How gratitude can affect sense of coherence through positive reframing. *Journal of Positive Psychology, 4* (6), 461–470.

Linley, A. (2008). *Average to A+*. CAPP Press.

Linley, P. A., Maltby, J., Wood, A. M., Joseph, S., Harrington, S., Peterson, C., Park, N., & Seligman, M. E. P. (2007). Character strengths in the UK: The VIA Inventory of Strengths. *Personality and Individual Differences, 43*, 341–351.

Lucas, R. E., & Clark, A. E. (2006). Do people really adapt to marriage?. *Journal of Happiness Studies, 7* (4), 405–426.

Lyubomirsky, S., Dickerhoof, R., Boehm, J. K., & Sheldon, K. M. (2011). Becoming happier takes both a will and a proper way: An experimental longitudinal intervention to boost well-being. *Emotion, 11* (2), 391–402.

Lyubomirsky, S., Sheldon, K. M., & Schkade, D. (2005). Pursuing happiness: The architecture of sustainable change. *Review of General Psychology, 9* (2), 111–131.

Lyubomirsky, S., Sousa, L., & Dickerhoof, R. (2006). The costs and benefits of writing, talking, and thinking about life's triumphs and defeats. *Journal of Personality and Social Psychology, 90* (4), 692–708.

Rozin, P., & Royzman, E. B. (2001). Negativity bias, negativity dominance, and contagion. *Personality and Social Psychology Review, 5* (4), 296–320.

Schueller, S. M., & Seligman, M. P. (2010). Pursuit of pleasure, engagement, and meaning: Relationships to subjective and objective measures of well-being. *Journal of Positive Psychology, 5* (4), 253–263.

Schwartz, B. (2000). Self-determination: The tyranny of freedom. *American*

Psychologist, 55, 79–88.

Seligman, M. (1998). *Learned Optimism*. Pocket Books.

Seligman, M. (2011). *Flourish*. Nicolas Brealey Publishing.

Solnick, S., & Hemenway, D. (1998). Is more always better? A survey on positional concerns. *Journal of Economic Behaviour and Organisation, 37*, 373–383.

索 引*

---

* 本索引所附数字为英文版页码，现为本书页边码。

图书在版编目（CIP）数据

有关幸福的二三事：积极心理学实用指南 / (英)布里奇特·格伦维尔-克利夫著；孙思凡译. — 上海：上海教育出版社，2025.7. —（实用心理指南）.
ISBN 978-7-5720-3318-6

Ⅰ. B848-62

中国国家版本馆CIP数据核字第2025D5P874号

POSITIVE PSYCHOLOGY: A TOOLKIT FOR HAPPINESS, PURPOSE AND WELL-BEING By BRIDGET GRENVILLE-CLEAVE

责任编辑　王佳悦
封面设计　周　吉

实用心理指南

有关幸福的二三事：积极心理学实用指南
[英] 布里奇特·格伦维尔-克利夫　著
孙思凡　译

出版发行　上海教育出版社有限公司
官　　网　www.seph.com.cn
地　　址　上海市闵行区号景路159弄C座
邮　　编　201101
印　　刷　上海展强印刷有限公司
开　　本　787×1092　1/32　印张 7.625
字　　数　122 千字
版　　次　2025年7月第1版
印　　次　2025年7月第1次印刷
书　　号　ISBN 978-7-5720-3318-6/B·0087
定　　价　59.00 元

如发现质量问题，读者可向本社调换　电话：021-64373213